W0078654

200 VÖGEL

AUS ALLER WELT

200 **VÖGEL**

AUS ALLER WELT

Ihr Verhalten, ihre Lebensräume und ihre Stimmen

Les Beletsky

Librero

Titel der englischsprachigen Originalausgabe:
200 Bird Songs from around the World

© 2022 Librero IBP
(für die deutschsprachige Ausgabe),
Postbus 72, 5330 AB Kerkdriel, Niederlande

© 2020 Quarto Publishing Group USA Inc.

Autor: Les Beletsky
Audio Bearbeitung: Kate Hall
Tontechnik: Steve Beck
Illustrationen: David Nurney
QR-Codes: Wy Lam, Mark Bergerson, Anne Landa, Haley Stocking

Aus dem Englischen von Markus Roduner
Lektorat G & R Vilnius, Litauen

Gedruckt und gebunden in
ISBN: 978-94-6359-777-7

Alle Rechte vorbehalten. Nichts aus dieser Ausgabe darf ohne vorherige
schriftliche Zustimmung des Verlags elektronisch oder mechanisch vervielfältigt,
gespeichert, veröffentlicht, fotokopiert oder aufgenommen werden.

INHALT

EINFÜHRUNG

Ob professioneller Vogelkundler oder begeisterter Naturfreund – wer draußen unterwegs ist, kann immer wieder die Laute heimischer Vögel wahrnehmen. Wer dagegen den unbekannten Gesängen und Rufen exotischer Vögel lauschen möchte, muss meist weit reisen. So träumen viele Vogelfreunde von einem Urlaub bei den lautstarken Tukanen Südamerikas, den merkwürdigen Nashornvögeln Afrikas und Asiens, den geheimnisvollen Kiwis Neuseelands oder den singenden Leierschwänzen Australiens. Mit diesem Buch erhalten sie die Gelegenheit, diese und viele andere Vögel in aller Ruhe zu Hause in Text, Bild und Klang kennenzulernen.

Für *Vogelstimmen aus aller Welt* haben wir 200 Vogelarten ausgewählt, von denen einige Familien repräsentieren, die typisch für den jeweiligen Kontinent sind, während andere besonders ins Auge fallen oder selten sind. Eine Farbzeichnung von David Nurney oder Mike Langman sowie eine kurze Beschreibung von Verhalten, Lebensraum und Stimme des betreffenden Vogels helfen dem Leser beim Kennenlernen. Wer den entsprechenden QR-Code scannt, kann ihm beim Singen oder Rufen in freier Natur zuhören.

Die Tonaufnahmen hat uns freundlicherweise das *Macaulay Library des Cornell Lab of Ornithology* zur Verfügung gestellt, das Aufnahmen von über 160 000 Naturgeräuschen verwaltet, darunter von 67 Prozent aller Vögel.

AUFBAU DES BUCHES

Jedes der sechs Kapitel widmet sich einem Kontinent. Nur die Antarktis wird nicht behandelt, weil es dort nur wenige Vogelarten gibt.

Die Kapitel beginnen mit einer Einleitung, in der die typischen Vögel des jeweiligen Kontinents kurz beschrieben werden, illustriert durch ein Bild von Mike Langman, das einige der anschließend behandelten Vögel in ihrer natürlichen Umgebung zeigt: ein Waldgebiet im Westen Mexikos, eine Flusslandschaft im brasilianischen Regenwald, eine ebene Graslandschaft in Europa, eine Waldsavanne in Afrika, ein tropisches Feuchtgebiet in Asien oder ein Eukalyptuswald in Australasien.

Die Vogelstimmen in diesem Buch werden nach zwei Hauptarten unterschieden: Gesänge und Rufe. Erstere sind in der Regel länger und oft melodisch, letztere in der Regel kürzer und unmelodisch. So klingt der Gesang des Braunkopf-Lackvogels, der auch als Olivscheitel-Borstenvogel bekannt und nur in Südostaustralien heimisch ist, wie *chip-cherear-che* und ein häufiger Ruf wie *zit* oder *zeet*. Die meisten Ornithologen gehen davon aus, dass nur die Singvögel, die in der Evolution später aufgetreten sind, echte Gesänge hervorbringen, da sie komplexere Stimmorgane haben. Dazu gehören die meisten kleinen Vögel, die wir aus unserer Umgebung kennen, wie Zaunkönige, Drosseln, Eichelhäher, Grasmücken, Amseln, Sperlinge oder Finken.

Als Gesang gelten bei den Vogelkundlern auch die Lautäußerungen, mit denen männliche Vögel ihr Revier für mögliche Partnerinnen und gegenüber männlichen Konkurrenten markieren, also der »Balzgesang« bzw. der »Reviergesang«. Rufe dagegen dienen nicht dem Anlocken von Weibchen oder der Abschreckung von Nebenbuhlern, sondern einer Vielzahl anderer Zwecke. Mit ihnen warnen Vögel beispielsweise Artgenossen vor Raubtieren (»Warnruf«) oder spornen Alt- und Jungvögel zum Miteinander an. Außerdem halten Vögel mit häufigen kurzen Rufen Kontakt zu anderen Mitgliedern ihres Schwarms.

Viel Vergnügen mit unseren spektakulären Vögeln!

Les Beletsky

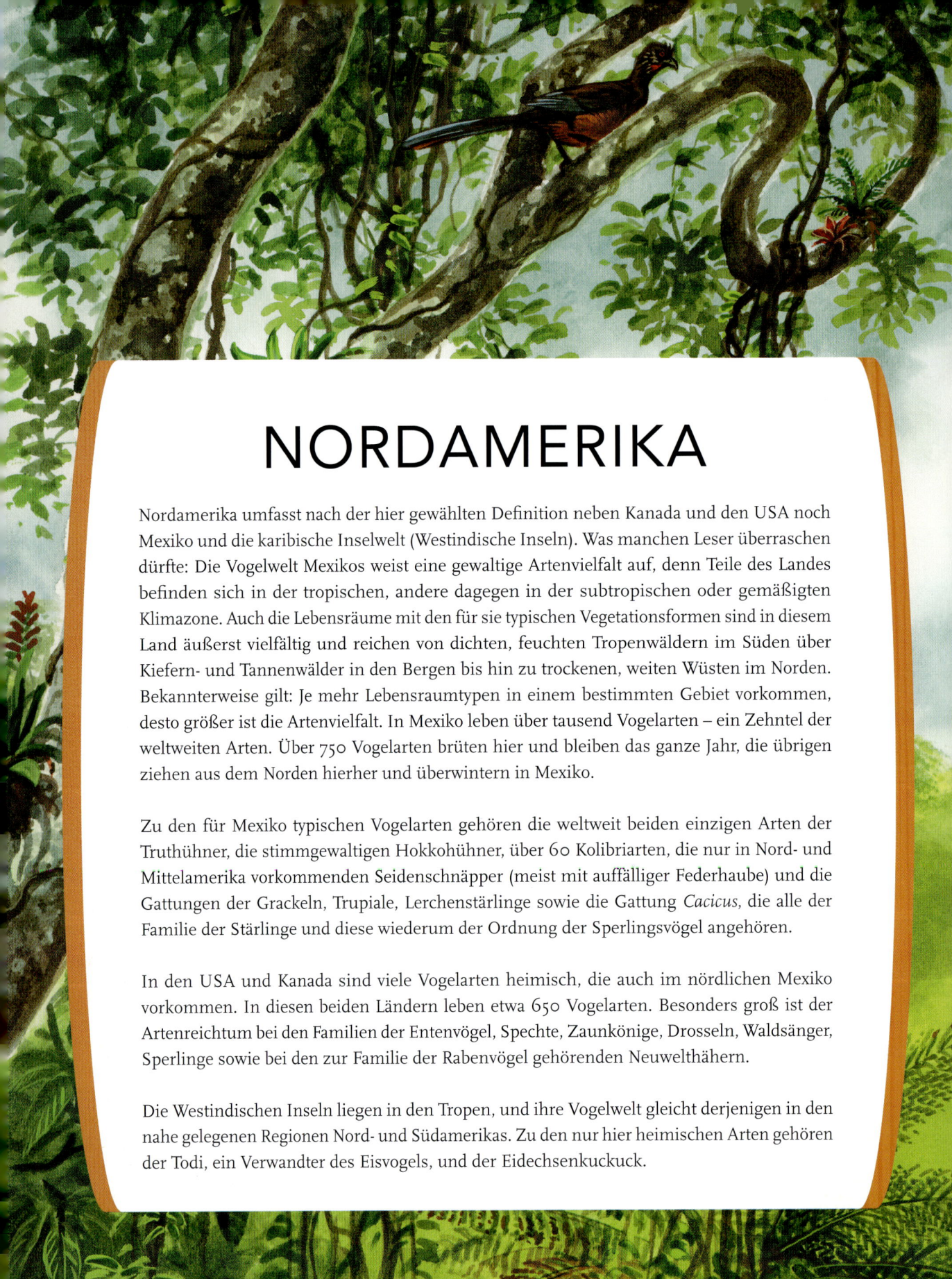

NORDAMERIKA

Nordamerika umfasst nach der hier gewählten Definition neben Kanada und den USA noch Mexiko und die karibische Inselwelt (Westindische Inseln). Was manchen Leser überraschen dürfte: Die Vogelwelt Mexikos weist eine gewaltige Artenvielfalt auf, denn Teile des Landes befinden sich in der tropischen, andere dagegen in der subtropischen oder gemäßigten Klimazone. Auch die Lebensräume mit den für sie typischen Vegetationsformen sind in diesem Land äußerst vielfältig und reichen von dichten, feuchten Tropenwäldern im Süden über Kiefern- und Tannenwälder in den Bergen bis hin zu trockenen, weiten Wüsten im Norden. Bekannterweise gilt: Je mehr Lebensraumtypen in einem bestimmten Gebiet vorkommen, desto größer ist die Artenvielfalt. In Mexiko leben über tausend Vogelarten – ein Zehntel der weltweiten Arten. Über 750 Vogelarten brüten hier und bleiben das ganze Jahr, die übrigen ziehen aus dem Norden hierher und überwintern in Mexiko.

Zu den für Mexiko typischen Vogelarten gehören die weltweit beiden einzigen Arten der Truthühner, die stimmgewaltigen Hokkohühner, über 60 Kolibriarten, die nur in Nord- und Mittelamerika vorkommenden Seidenschnäpper (meist mit auffälliger Federhaube) und die Gattungen der Grackeln, Trupiale, Lerchenstärlinge sowie die Gattung *Cacicus*, die alle der Familie der Stärlinge und diese wiederum der Ordnung der Sperlingsvögel angehören.

In den USA und Kanada sind viele Vogelarten heimisch, die auch im nördlichen Mexiko vorkommen. In diesen beiden Ländern leben etwa 650 Vogelarten. Besonders groß ist der Artenreichtum bei den Familien der Entenvögel, Spechte, Zaunkönige, Drosseln, Waldsänger, Sperlinge sowie bei den zur Familie der Rabenvögel gehörenden Neuwelthähern.

Die Westindischen Inseln liegen in den Tropen, und ihre Vogelwelt gleicht derjenigen in den nahe gelegenen Regionen Nord- und Südamerikas. Zu den nur hier heimischen Arten gehören der Todi, ein Verwandter des Eisvogels, und der Eidechsenkuckuck.

FASANENKUCKUCK

– Dromococcyx phasianellus –

Der melancholische Pfeifgesang des scheuen Fasanenkuckucks
im mexikanischen Wald.

Diesen faszinierenden Vogel bekommen selbst Vogelkundler nur selten zu
Gesicht, denn der Fasanenkuckuck hält sich fast immer im dichten Unterholz
der immergrünen Wälder im Tiefland seiner südmexikanischen Heimat
versteckt. Außer in Mexiko kommt er auch in Mittel- und Südamerika vor.
Er ist 35–40 Zentimeter groß und hat lange, breite Schwanzfedern. Auf der
Suche nach Insekten (besonders Heuschrecken) und Eidechsen durchstreift
er meist allein und beinahe lautlos seine bewaldeten Lebensräume. Wird er
aufgescheucht, so rennt er schnell davon und schlägt dabei wild mit den Flügeln.
Der Fasanenkuckuck ist ein Brutparasit, das heißt, die Weibchen legen die Eier
in die Nester anderer Arten, damit die »Wirtsvögel« ihre Jungen großziehen.

Dass wir einen Fasanenkuckuck zu sehen bekommen, ist die große Ausnahme,
seine Rufe sind dagegen nicht zu überhören. Während diese Vögel, wie schon
gesagt, die meiste Zeit am Boden verbringen, fliegen sie zum Singen in
die mittleren oder oberen Stockwerke der Bäume. Ihr Ruf gleicht einem
melancholischen, hellen pfeifenden: *se-see-werrrr* oder *whee-whee-wheerrrr*, eine
andere Lautäußerung klingt wie *sah, seh, si-see*. Die Tonlage ist am Ende höher
als zu Beginn. Manchmal scheinen die Fasanenkuckucke auch zu gackern.

JAMAIKANISCHER EIDECHSENKUCKUCK

– Saurothera vetula –

Der in die Länge gezogene, rasselnde Gesang des scheuen
jamaikanischen Eidechsenkuckucks.

Nach Jamaika reisen Vogelkundler unter anderem wegen des jamaikanischen Eidechsenkuckucks, einer von über 25 Vogelarten, die nur auf dieser Karibikinsel vorkommen. Auf den Westindischen Inseln sind noch drei weitere große, eidechsenfressende Kuckucksarten endemisch. Der jamaikanische Eidechsenkuckuck bevorzugt feuchte Wälder. Er frisst kleine Tiere wie Insekten, Eidechsen und nestbauende Vögel und bewegt sich auf der Suche nach seiner Beute langsam durch die Baumkronen.

Es ist viel wahrscheinlicher, einen jamaikanischen Eidechsenkuckuck zu hören, als ihn zu sehen, denn er hält sich meist im dichten Laub der Bäume auf. Er hat eine tiefe, kehlige Stimme, und sein üblicher Ruf klingt wie ein schnelles *cak-cak-cak-ka-ka-ka-k-k*, das zum Ende hin abfällt.

ROTBAUCHGUAN

– Ortalis wagleri –

Die lauten Rufe der Chachalacas gehören in weiten Teilen der mittelamerikanischen Tropen
zur morgendlichen Geräuschkulisse.

Die Chachalacas, auch Guans genannt, die Schakuhühner und die Hokkos bilden zusammen die Familie der Hokkohühner und sind in den Tropen und Subtropen des amerikanischen Doppelkontinents heimisch. Nur im Westen von Mexiko kommt die wohl schönste Chachalaca-Art, der farbenprächtige Rotbauchguan, vor. Er bewohnt Laub- und Dornenwälder im Tiefland und dringt mitunter auch in Baumplantagen und vergleichbare Landwirtschaftsflächen vor. Dieser Vogel tritt meist paarweise oder in kleinen Gruppen auf und sucht in Bäumen oder am Boden nach Baumfrüchten – seiner bevorzugten Nahrung.

Chachalacas sind für ihre lauten Morgen- und Abendgesänge bekannt, die oft wie *cha-cha-LAW-ka* klingen. Im Chor gehören sie zu den charakteristischen Hintergrundgeräuschen vieler Tropenwälder in Mittel- und Südamerika. Der Ruf des Rotbauchguans klingt wie *kirr-i-i-kr* oder *chrr-uh-uh-rr*.

PFAUENTRUTHUHN

– Meleagris ocellata –

Die Balzrufe eines Pfauentruthahns,
der eine Partnerin herbeizulocken versucht.

Die weltweit beiden einzigen Arten der Vogelgattung der Truthühner sind wild nur in Nordamerika heimisch. Das eigentliche Truthuhn, auch Wildtruthuhn genannt, kennen wir vor allem in seiner domestizierten Form, der Pute, die auch in Europa, Australien und anderen Teilen der Welt gezüchtet wird. Das weitaus seltenere Pfauentruthuhn kommt dagegen nur auf der Halbinsel Yucatán vor, die zum größten Teil zu Mexiko und zu kleineren Teilen zu Guatemala und Belize gehört. Es bewohnt Tropenwälder im Tiefland sowie offeneres Buschland in deren Nähe. Das Gefieder der großen Vögel, die am Boden bleiben, schillert bläulich schwarz bis blaugrün. Hals und Kopf sind unbefiedert und hellblau, beim Hahn sind die Augenregion und der Hautlappen rot. Meist suchen sie in kleinen Gruppen nach Samen, Beeren, Nüssen und Insekten. Seinen Namen hat das Pfauentruthuhn vom Gefieder, das dem eines Pfaus nicht unähnlich sieht. Aufgrund von Überjagung und Zerstörung seiner Lebensräume im Tropenwald gilt es als gefährdet und ist in einigen Teilen seines ursprünglichen Verbreitungsgebiets bereits ausgerottet. Dennoch geht die Pfauentruthuhnjagd weiter, sogar in Naturschutzgebieten.

Die Laute der Pfauentruthühner sind vielfältig. So kollern die männlichen Tiere ähnlich wie wilde Truthähne und Puter. Ihr Balzruf klingt wie ein nasales *puhk-puhk-puhk-puhk*, während die Hennen zur Antwort leise gackern.

BLAUBÜRZEL-SPERLINGSPAPAGEI

– Forpus cyanopygius –

Ein Kontaktruf des Blaubürzel-Sperlingspapageis:
ein ständig wiederholtes *kreeit ... kreeit*.

Der Blaubürzel-Sperlingspapagei gehört zu einer Gattung kleiner, gedrungener grüner Neuweltpapageien. Er ist trotz seines lautstarken Geplappers im dichten grünen Laub der Bäume kaum zu erkennen und tritt mit seinem grün-blauen Federkleid nur im Flug deutlich in Erscheinung. Dieser Papagei kommt nur im Westen Mexikos in einer Vielzahl von Habitaten vor. Dazu gehören Laubwälder, trockenes Buschland, offenes Grasland mit einzelnen Bäumen, Plantagen oder auch Wälder an Flussläufen. Der kleine Papagei frisst Feigen und anderes Obst, Beeren und Samen, die er in Bäumen oder auf dem Boden findet. Als sehr gesellige Vögel sind Blaubürzel-Sperlingspapageien typischerweise in Schwärmen von 20–50 oder auch mehr Individuen anzutreffen, manchmal aber auch allein oder in kleinen Gruppen.

Im Flug schnattern die kleinen Papageien oft in einem fort. Ein häufiger, weithin hörbarer Ruf klingt wie ein näselndes *kreeit ... kreeit* oder *kree-eet ... kree-eet*. Sie kreischen und zwitschern so fleißig, dass man die Zahl der Papageien in einem bestimmten Gebiet gern bei Weitem überschätzt. Beim Füttern geben sie mitunter auch einen einzigen, krächzenden Ruf von sich.

KÖNIGSAMAZONE

– Amazona guildingii –

Das laute *quaw … quaw … quaw* zählt zu
den häufigen Rufen dieses wunderschönen Papageis.

Mit ihrem schillernden Federkleid gehört die Königsamazone zu den auffälligsten Neuweltpapageien. Der große Vogel kommt nur auf der Kleinen-Antillen-Insel St. Vincent in zwei verschiedenen Färbungen vor: primär gelb und braun oder durchgehend grünlich. Diese Papageienart bevorzugt feuchte, alte Wälder, deren Baumkronen sie auf der Suche nach ihrer Hauptnahrung – Früchten, Samen und Blüten – durchstreift. Die Königsamazone ist vom Aussterben bedroht. Ihre Zahl begann im frühen 20. Jahrhundert zu sinken, als man große Teile des alten Tropenwaldes auf der Insel abholzte, um Landwirtschaftsflächen zu gewinnen. Aus den großen, alten Bäumen, in denen die Königsamazone nistet, wurde Holzkohle zum Kochen. Außerdem jagten Geschäftemacher diese Papageien für den illegalen Handel mit exotischen Haustieren. Um die Mitte der 1980er-Jahre gab es nur noch rund 500 Exemplare, während es heute dank Schutzbemühungen um die 800 sein dürften.

Obwohl die Königsamazone bisher nur wenig studiert wurde, kennen wir einige ihrer Laute. Die meisten Beobachter berichten von einem lauten Ruf im Flug, der wie *quaw … quaw … quaw* oder *gua … gua … gua* klingt. Des weiteren wurden auch ein kehliges *screee-eee-ah*, ein kreischendes *scree-ree-lee-lee* und während der Nahrungsaufnahme lang gezogene Plapper- oder Quietschlaute gehört.

ROSALÖFFLER

– Platalea ajaja –

Die grunzenden Warnrufe eines Rosalöfflers in seiner Bruthöhle.

Mit seinem extravaganten rosa Federkleid an Flügeln und Schwanz, dem nackten Kopf und dem löffelförmigen Schnabel gehört der Rosalöffler zu den außergewöhnlichsten Watvögeln Nordamerikas. In den USA findet man Löffler vor allem in Florida und am Golf von Mexiko, insbesondere in flachen Gewässern im Landesinneren und an der Küste. Außerdem kommt diese Vogelart auch an beiden Küsten Mexikos (Atlantik und Pazifik) und weiter südlich in Südamerika vor. Ihre Nahrung finden die auffälligen Vögel im Salz- und im Süßwasser von Buchten, Flussmündungen, Feuchtwiesen und Sümpfen. Hier schwingt der Löffler seinen leicht geöffneten „Löffel-Schnabel" im Wasser hin und her, um einen feinen Happen zu ergattern. Sobald er Beute wie Fische, Krebstiere und Insekten berührt, schnappt der Schnabel zu. Der Löffler ist ein geselliges Tier – beim Fressen, Nisten und auch beim Schlafen.

Rosalöffler geben nur wenige Lautäußerungen von sich – außerhalb ihrer Nistgebiete nur ein leises, grunzendes *uh-uh-uh* während der Nahrungsaufnahme. Der Warnruf beim Brüten klingt wie *huh-huh-huh-huh*. Wenn sich die Partner begrüßen und vielleicht auch wenn sie balzen, geben sie leise Schnatter-, Glucks- oder Krächzlaute von sich.

PRACHTFREGATTVOGEL

– Fregata magnificens –

Die lauten Rufe eines Fregattvogels in einer Brutkolonie in Florida.

Fregattvögel sind mit ihren mächtigen, spitzen Flügeln und den langen, tief gegabelten Schwänzen ein majestätischer Anblick, wenn sie lautlos an der Küste durch die Lüfte gleiten. Die Hochseevögel kommen weltweit in den Tropen und Subtropen vor. Der Prachtfregattvogel lebt an der amerikanischen Pazifikküste von Mexiko bis Ecuador, am Golf von Mexiko und am Atlantik von Florida bis Südbrasilien. Fregattvögel fangen im Tiefflug Fische, Tintenfische und Quallen. Da sie nicht schwimmen können, landen sie fast nie auf dem Wasser, sondern nur an Land, bevorzugt an der Küste abgelegener Inseln. Die Männchen haben einen großen, roten Kehlsack, den sie während der Balz ballonartig aufblasen.

Außerhalb der Brutzeit ist der Prachtfregattvogel im Allgemeinen ruhig. Dagegen stoßen Brutkolonien laute Balzrufe und weitere Schreie, die einem Zwitschern, Rasseln oder Wiehern ähneln, aus und können somit sehr lärmig sein.

BUNTSCHWANZ-DEGENFLÜGEL

– Campylopterus rufus –

Die explosionsartigen *skik*-Rufe eines Buntschwanz-Degenflügels.

Der Buntschwanz-Degenflügel ist ein hübscher, mittelgroßer Kolibri mit einem besonders breiten Schwanz. Er ist nur an der südmexikanischen Pazifikküste und in einigen kleinen Gebieten Mittelamerikas heimisch und bevorzugt Regenwälder, feuchte Kiefern- und Eichenwälder, Waldränder, Canyons mit Waldungen und Plantagen in höheren Lagen. Dieser Vogel ernährt sich von Blütennektar und fliegenden Insekten. Entdeckt ein Männchen eine besonders gute Nektarquelle, verteidigt er dieses Territorium gegen andere Kolibris.

Die Lautäußerungen der Kolibris variieren, wobei viele Arten kurze, hochfrequente Tschilp- oder Pfeifrufe und einen kurzen, einfachen, leisen Gesang von sich geben. Zu den Rufen des Buntschwanz-Degenflügels gehören ein explosives *skik*, ein metallisches *pli-ik* und ein längeres *chi-i-rr chik-chik-chik-chik*. Seine Gesänge klingen wie Schnattern oder Trällern.

PAURAQUE

– Nyctidromus albicollis –

Dem Gesang des Pauraque kann man nachts vom
südlichen Texas bis nach Argentinien lauschen.

Das Verbreitungsgebiet des Pauraque, der zur Familie der Nachtschwalben
gehört, reicht von Nordargentinien und Bolivien im Süden bis nach Südtexas im
Norden. Er lebt vor allem in Wäldern und an Waldrändern, hat einen länglichen
Schwanz und kommt in zwei Färbungen vor: graubraun oder rötlich braun. Wie
ihr Name vermuten lässt, sind Nachtschwalben nachtaktiv, von der Abend- bis
in die Morgendämmerung. Den Tag verbringen sie ruhig auf dem Boden oder
auf Baumästen, wo sie aufgrund ihrer Tarnung kaum zu entdecken sind. In
Teilen seines Verbreitungsgebietes kennt man den Pauraque als »Tapacaminos«
(»Straßensperrer«), da er sich nachts gern mitten auf die Straße setzt und nur
davonfliegt, wenn ihm Menschen oder Fahrzeuge zu nahe kommen. Der Vogel
jagt Insekten in der Luft, indem er in niedriger Höhe über offenen Flächen
kreist oder vom Boden aus kurze Flüge unternimmt.

Die Männchen geben sehr unterschiedliche Pfeifgesänge von sich, laute oder
auch leise. Zu den häufiger gehörten Rufen gehören *p'weeEER* und *whew whew
whew whe-e-e-w*. Oft gehen den Pfiffen einige *puk-* oder *put* voraus: *put-put-put-
put-p'weeEER*. Kurze Rufe beinhalten *duck-* und *wup*-Laute oder auch ein kehliges
Zischen. Typisch für die Weibchen sind schnelle *whip*-Rufe.

ROTKEHLNYMPHE

– Lampornis amethystinus –

Wie viele andere Kolibris tschilpt und summt auch
die Rotkehlnymphe bei der Futtersuche aufgeregt.

Die kleine Rotkehl- oder Amethystkehlnymphe gehört zu den schönsten unter
den über 60 Kolibriarten Mexikos. Sie bewohnt Bergwälder im Hochland auf bis
zu 3000 Metern über dem Meeresspiegel, schwirrt aber auf der Nahrungssuche
auch durch die feuchten, immergrünen Wälder der unteren und mittleren
Lagen. Ihr Verbreitungsraum umfasst ferner Teile von Mittelamerika. Die
Farbe des leuchtenden Kehlflecks beim Männchen variiert je nach Region
von Pink bis Lila. Die Weibchen haben keinen solchen bunten Fleck, sondern
eine zimtfarbene Kehle. Unsere Kenntnisse zu Lebensraum und Verhalten
dieses Vogels sind begrenzt. Bekannt ist, dass er auf dem Ast eines Busches
oder Baumes ein napfförmiges Nest aus Moos und Flechten baut. Neben
Blütennektar ernährt sich dieser Kolibri von Insekten, die er in der Luft jagt.

Beobachter haben eine ganze Reihe von Lauten für die Rotkehlnymphe
beschrieben, darunter häufiger ein gut hörbares, tschilpendes *tschik tschik tschik …*
oder *tschjup tschjup tschjup …* oder auch *zip zip zip …* Auf Futtersuche geben
sie immer wieder ein surrendes *tzzzzir* von sich.

GRAUKOPFTROGON

– Trogon citreolus –

Der Reviergesang des Graukopftrogons in den westmexikanischen Bergen.

Manche Naturliebhaber halten Trogone für die schönsten Vögel überhaupt. Die auch Nageschnäbler genannte Vogelfamilie kommt in Amerika, Afrika und Südasien vor, während der Graukopftrogon nur in Mexiko heimisch ist. Er lebt in Wäldern, auf Plantagen und in Mangrovenwäldern im Westen des Landes. Trogone verbringen die meiste Zeit allein oder paarweise. Trotz ihrer leuchtenden Farben sind sie im grünen Laub kaum auszumachen. Zudem sitzen sie gern für längere Zeit still, ohne zu rufen oder zu singen. Der Graukopftrogon frisst am liebsten Obst von Bäumen und Insekten von Blättern. Auch wenn dieser Vogel seine Nahrung meist im Sitzen sammelt, wurde er auch schon dabei beobachtet, wie er Obst im Gleitflug pflückte.

Die einfachen, unverwechselbaren Gesänge der Trogone bestehen aus kurzen Rufen, die sie in unterschiedlicher Form arrangieren. Der Graukopftrogon ruft immer schneller *hoot-*, *kyu-* oder *cow*, sodass sich sein Gesang schon bald wie ein Schnattern anhört, das von einem Beobachter als *kyow-kyow-kyow-kyow-kyowkowkow* beschrieben wurde. Die Graukopftrogone singen das ganze Jahr über, besonders intensiv während der Brutzeit. Als Warnruf stößt diese Vogelart ein *kek* aus.

AMAZONASFISCHER

– Chloroceryle amazona –

Die trommelnden Rufe eines Amazonasfischers.

Die bezaubernden Eisvögel sind vor allem in den Tropen rund um den Globus verbreitet, eine Art auch in Europa. Alle sechs Arten, die auf dem amerikanischen Doppelkontinent vorkommen, gehören zur Unterfamilie der Wasser- oder Fischereisvögel. Das Verbreitungsgebiet des schönen Amazonasfischers mit dem dunkelgrünen Rücken reicht von Zentralmexiko bis Nordargentinien. In Mexiko lebt er am Ufer großer Flüsse und Seen sowie in Mangrovenwäldern. Dieser Eisvogel ernährt sich von Fischen und Krustentieren. Er beobachtet vom Ufer aus das Wasser, bis er eine Beute entdeckt, und taucht dann im Sturzflug hinein.

Typisch für den Amazonasfischer sind laute, kurze, scharfe Rufe wie *klek*, *tschrit* und *zzzzrt*. Manchmal wiederholt er sie schnell und reiht sie zu einem Rasseln aneinander. Auch reine Töne, die zuerst ansteigen und dann abfallen, sind von ihm zu hören.

GOLDWANGENSPECHT

– Melanerpes chrysogenys –

Ein üblicher Ruf des Goldwangenspechts klingt wie ein nasales *ki-di-dik*.

Der Goldwangenspecht ist in Westmexiko heimisch und bewohnt Wälder, Waldränder, offenes Gelände mit vereinzelten Bäumen und Plantagen. Mit seinen goldgelb gefleckten Wangen- und Nackenpartien und den schwarz-weißen Bändern an Rücken, Flügeln und Schwanz zählt er zu den schönsten nordamerikanischen Spechten. Die Krone des Männchens ist rot, die des Weibchens gräulich. Über die Lebensweise dieser Vogelart ist kaum etwas bekannt. Sie wird meist einzeln oder paarweise gesichtet, und man weiß, dass ihre Nahrung aus Samen, Obst, Käfern und anderen Insekten sowie deren Larven besteht, die sie von Bäumen pickt.

Die Rufe des Goldwangenspechts sind oft laut und nasal, besonders häufig hört man das näselnde *ki-di-dik* oder auch das längere *tschiik-oo, tschiik-oo, tschiik-oo, keh-i-heh-ek*. Dazu kommen schnarrende *tschurr-i-huh*-Laute.

VIELFARBENTODI

– Todus multicolor –

Das schnelle und schnatternde *tot-tot-tot*
des stimmgewaltigen Vielfarbentodis.

Todis sind kleine Waldvögel, die nur auf den Großen-Antillen-Inseln Kuba, Jamaika, Hispaniola und Puerto Rico vorkommen. Die fünf Arten sehen einander sehr ähnlich; Rücken und Kopf sind leuchtend smaragdgrün, die Kehle rubinrot, die Bauchunterseite milchigweiß, die Seiten der Flügel rosa und der Schwanzansatz gelborange. Deshalb hielt man sie jahrhundertelang für eine einzige Art. Die Todis sind mit den Eisvögeln verwandt und zeichnen sich durch ihre schillernden Farben, ihre relative Zahmheit und ihre Fresslust aus. Wie andere Winzlinge (beispielsweise Kolibris) verstoffwechseln sie ihre Nahrung sehr schnell, sodass sie häufig fressen müssen. Sie schnappen sich Insekten in der Luft oder von Blättern und ergänzen ihre Ration mit Spinnen, klitzekleinen Eidechsen und Obst.

Todis singen häufig und gern, manchmal fast ununterbrochen, wobei ihre Lautäußerungen kurz und surrend sind. Unter ihnen hat der Vielfarbentodi die wohl am leichtesten zu erkennende Stimme. Sein typischer Gesang klingt wie *pprriiii-pprriiii*. Daher könnte auch sein kubanischer Name *Pedorrera* herrühren. Ein Ruf, den er normalerweise im Sitzen von sich gibt, gleicht einem schnell geschnatterten *tot-tot-tot-tot*. Ein weiteres charakteristisches Geräusch aller Todis ist das laute Surren der Flügel beim Fliegen.

ELFENBEINSPECHT
– Campephilus principalis –

Das Klopfen und der Ruf des Elfenbeinspechts,
aufgenommen 1935 in einem Sumpfgebiet in Louisiana.

Obwohl man den Elfenbeinspecht schon seit Jahrzehnten ausgestorben glaubte,
wurden in jüngerer Zeit immer wieder Sichtungen gemeldet, so 2005 im
östlichen Arkansas. Mit einer Länge von 48 bis 53 Zentimetern ist er der
größte Specht der USA. Der Vogel mit der auffälligen Haube lebte bevorzugt
in den alten Flusswäldern und Zypressensümpfen im Südostens der USA. Im
ausgehenden 19. und im frühen 20. Jahrhundert dezimierte jedoch die Rodung
der Wälder und Trockenlegung der Sümpfe seine Art stark. Die letzten bestätigten
Sichtungen von Elfenbeinspechten vor 2005 datieren aus den Fünfzigerjahren.
Elfenbeinspechte entfernen mit ihren harten Schnäbeln Rinde von frisch
abgestorbenen Bäumen und suchen darunter nach ihrer Hauptnahrung – den
Larven von großen Käfern. Außerdem fressen sie Termiten, Früchte, Nüsse
und Samen.

Weithin zu hören war der Warnruf des Elfenbeinspechts (*kent*). Er stieß ihn
ein- oder zweimal hintereinander aus und wiederholte ihn mit einer kurzen
Pause immer wieder. Beobachter identifizierten auch andere Rufe, darunter
pait, pait, pait und ein hohes, eher nasales *yap, yap, yap*, die beide dem Klang
eines kleinen Flügelhorns ähnelten. Auch das Doppelklopf-Signal dieser Spechte
war überraschend laut.

WEISSSTREIFEN-BAUMSTEIGER

– Lepidocolaptes leucogaster –

Der lang gezogene Reviergesang
des Weißstreifen-Baumsteigers.

Die Unterfamilie der kleinen, braunen Baumsteiger kommt wie alle Töpfervögel nur auf dem amerikanischen Doppelkontinent vor. Ähnlich wie Spechte tippeln sie auf der Suche nach Insekten flink über Baumstämme und Äste. Dabei halten sie sich mit ihren scharfen, gekrümmten Krallen an geneigten und selbst senkrechten Flächen fest und stützen sich mit ihren steifen Schwanzfedern ab. Während Spechte akustisch mit ihrem typischen Trommeln und optisch mit den leuchtenden Farbtupfern viel Aufmerksamkeit auf sich ziehen, sind Baumsteiger eher ruhige Vögel mit einem unauffälligen Federkleid, dessen Farbpalette von Braun über Kastanie bis Dunkelgelb reicht. Weißstreifen-Baumsteiger sind nur in den Wäldern des west- und südmexikanischen Hochlands anzutreffen. Auf der Suche nach Insekten, die in Rindenspalten versteckt sind, klettern sie meist einzeln oder in Paaren an Baumstämmen empor. Gelegentlich schließen sie sich aber auch anderen Vogelarten in gemischten Schwärmen an.

Baumsteiger sind für ihre schlichten Gesänge bekannt. Sie bestehen meist aus Rasslern und Trällern und gehören zur charakteristischen Geräuschkulisse der Wälder in ihrer Heimat. Der Gesang des Weißstreifen-Baumsteigers klingt wie ein schneller, stotternder Triller aus 20 bis 35 Tönen, der zum Ende hin langsamer wird: *zzzzzzzzzztztztztztztzttt-t-t-bt-bt-bt*. Auch ein anderer häufiger Ruf gleicht einem Triller, das *tsisirr* oder *ssirrr*.

KEHLBAND-AMEISENPITTA

– Grallaria guatimalensis –

Der hohle, rollende Gesang des Ameisenpittas
zeugt oft als einziger Hinweis von seiner Anwesenheit.

Der scheue Kehlband-Ameisenpitta bewohnt die Regenwälder von Zentral- und Südmexiko bis weit nach Südamerika hinein. Er wird nur selten beobachtet, da er im Unterholz der feuchten Wälder lebt und schattige Plätze mit dichter Vegetation wie Canyons sowie die Nähe des Wassers bevorzugt. Auf der Suche nach Insekten, Würmern und Tausendfüßlern hüpft dieser Vogel über den Boden oder umgestürzte Bäume und dreht mit dem Schnabel tote Blätter um.

Der Gesang des Kehlband-Ameisenpittas ist nur unzureichend dokumentiert. Bekannt ist, dass er aus dumpfen Tönen besteht, deren Lautstärke und Höhe über eine Dauer von vier bis fünf Sekunden ansteigen. In der Brutzeit tragen die Männchen von Ästen in einer Höhe von bis zu zehn Metern ihren Gesang vor, während ihnen die Weibchen mit einem kurzen trillernden Laut antworten. Die Warnrufe der Kehlband-Ameisenpittas ähneln meist einem Krächzen oder Grunzen. Weil dieser Vogel vor allem in unzugänglicher Umgebung lebt und zudem sehr scheu ist, weist er Anwohner oder Vogelkundler in der Regel nur mit seinen Rufen und Gesängen auf seine Anwesenheit hin.

BINDEN-AMEISENWÜRGER

– Thamnophilus doliatus –

Der Hauptgesang eines Binden-Ameisenwürgers aus Zentralmexiko.

Der Binden-Ameisenwürger, auch als Bindenwollrücken oder Weißscheitel-Ameisenwürger bekannt, frisst Ameisen, aber auch viele andere Insektenarten. Der kleine Vogel mit dem beim Männchen schwarz-weiß gebänderten und beim Weibchen rost-oder kastanienbraunen Federkleid gehört zur Familie der Ameisenvögel, die ausschließlich in den tropischen und subtropischen Wäldern Mittel- und Südamerikas leben. Ameisenvögel folgen oft Wanderameisen auf deren Raubzügen und jagen die vor den Ameisen fliehenden Kleintiere. Der Binden-Ameisenwürger geht dagegen bevorzugt im Unterholz seiner Heimat zwischen Nordbrasilien und Südmexiko auf Nahrungssuche.

Der Gesang des Binden-Ameisenwürgers besteht aus immer schneller wiederholten *cow*- oder *cah*-Rufen, die erst eher leise sind und dann immer lauter werden, und endet mit einem langen, hohen, verschliffenen Ton. Andere Rufe ähneln einem Knurren, Miauen oder Pfeifen.

ROTFUSSDROSSEL

— Turdus plumbeus —

Aus dem Reviergesang einer Rotfußdrossel.

Die Rotfußdrossel ist in weiten Teilen der Karibik heimisch. Dort lebt sie meist im Verborgenen in Wäldern, Plantagen und Gärten, fällt aber während der Brutzeit durch lauten Gesang und aggressives Verhalten auf. In der Nähe von Menschen sucht diese Drossel bevorzugt in den Morgenstunden an Straßen nach Insekten, Spinnen, Schnecken, kleinen Fröschen, Eidechsen und Schlangen. Ihr Federkleid ist je nach Unterart von sehr unterschiedlicher Farbe: Auf einigen Inseln ist der Bauch rötlich braun und die Kehle schwarz, anderswo fehlen diese markanten Merkmale.

Der Gesang der Rotfußdrossel ist melodiös, aber eher eintönig und besteht aus einem ständig wiederholten *chirruit, chirruit eeyu biyuyu pert squeer squit seeer cheweap, screeet chirri*. Andere häufiger zu hörende Rufe sind *weecha-weecha-weecha* oder *cha-cha-cha*. Der hohe Warnruf dieser Vögel klingt wie *wiit-wiit* oder *wet-wet*.

BLAUWANGENHÄHER

– Calocitta colliei –

Ein häufiger Ruf aus dem umfangreichen Gesangsrepertoire
des Blauwangenhähers.

Der Blauwangenhäher, auch Schwarzkehl-Elsterhäher genannt, gehört unter den
weltweit verbreiteten Rabenvögeln zu den schönsten. Er bewohnt Waldgebiete
und trockenes Buschland im Nordwesten Mexikos. Diese auffälligen Häher,
die in ihrer Heimat kein Beobachter mit einem anderen Vogel verwechseln
dürfte, werden meist auf Sträuchern oder im langsamen Flug von Laubbaum
zu Laubbaum gesichtet. Kopf und Brust des Blauwangenhähers sind schwarz,
der Rücken ist blau und der Bauch weiß. Er hat die längsten Schwanzfedern
unter den Neuwelthähern, tiefblau und mit weißen Spitzen. Blauwangenhäher
leben für gewöhnlich in Paaren oder kleinen Gruppen und ernähren sich von
Beeren, Früchten, Insekten und Spinnen.

Der Blauwangenhäher ist wie die anderen Neuwelthäher für seine vielfältigen,
schrillen Laute bekannt. Sein Stimmrepertoire reicht von hohen und melodischen
bis hin zu tiefen gutturalen Rufen. Einige ähneln Pfeiftönen, andere wiederum
klingen wie Jaulen, Schnalzen oder Klappern. Nicht selten wiederholen die
Neuwelthäher einen einzelnen Ruf mehrmals rhythmisch hintereinander, bevor
sie zu einem anderen übergehen. Lautäußerungen des Blauwangenhähers
wurden auch schon als rollendes *krrrrup*, hohl klingendes *kyooh*, lautes *krrowh*
oder nasales *rriihk* beschrieben.

LANGSCHWANZ-SEIDENSCHNÄPPER

– Ptilogonys cinereus –

Der typische Ruf des Langschwanz-Seidenschnäppers.

Der Langschwanz-Seidenschnäpper ist ein hübscher, schlanker Vogel mit einer buschigen Federhaube und einem langen Schwanz. Die Singvogelfamilie der Seidenschnäpper zählt lediglich vier Mitglieder, die alle nur im südlichen Nordamerika und in Mittelamerika vorkommen, wobei die Langschwanz-Seidenschnäpper das Hochland von Mexiko und Guatemala bewohnen. Der erste Teil des Namens der mittelgroßen Vögel geht auf ihr weiches und glattes Gefieder zurück. Diese prächtigen Vögel leben vor allem in Bergwäldern, suchen aber auch das umliegende Buschland auf, wenn dort Bäume wachsen. Sie halten gern von einem Ansitz wie einem kahlen Ast in großer Höhe oder einer Baumkrone aus nach Insekten Ausschau und fliegen auf, um es in der Luft zu fangen, wenn sie eines entdeckt haben. Langschwanz-Seidenschnäpper fressen außerdem Beeren, insbesondere diejenigen von Misteln. Während der Brutzeit lebt diese Art meist paarweise, sonst in lockeren Schwärmen von oft mehreren Hundert Tieren.

Seidenschnäpper gelten nicht gerade als begnadete Sänger, auch wenn zwei Arten einige Laute anderer Vögel imitieren. Der Gesang des Langschwanz-Seidenschnäppers besteht aus einer Reihe von Trillern und Pfeiflauten von eher geringer Lautstärke. Zu seinen lauteren Rufen gehören ein nasales *chi-che-rup che-chep* und ein schrilles *chureet* oder *chu-leep*.

SCHWARZKAPPEN-MÜCKENFÄNGER

– Polioptila nigriceps –

Einer der häufigsten Rufe des Mückenfängers klingt wie *reeihr*.

Mückenfänger flattern auf der Suche nach Insekten durch das Laub. Ihre schnellen Bewegungen und das ständige Zucken mit dem Schwanz scheuchen die Insekten aus ihren Verstecken auf. Alle 15 Arten sind auf dem amerikanischen Doppelkontinent heimisch, der Schwarzkappen-Mückenfänger im nordwestlichen Mexiko. Das Federkleid der winzigen Mückenfänger ist überwiegend bläulich grau, die schmalen Schwänze sind schwarz-weiß und der Kopf teilweise schwarz. Der Schwarzkappen-Mückenfänger bewohnt trockenen und halbtrockenen Dornwald und Buschland in niedrigen und mittleren Höhenlagen.

Der kurze Gesang des männlichen Schwarzkappen-Mückenfängers besteht aus kratzenden, trällernden Tönen. Seine Rufe sind vielfältig und klingen unter anderem wie *reeihr*, *meiyhrr* oder ähneln einem Schnattern.

PURPURWALDSÄNGER

— Ergaticus ruber —

Der Reviergesang eines Purpurwaldsängers.

Unter den mehr als 110 Waldsängerarten, die nur in der Neuen Welt vorkommen, gehört der leuchtend rote Purpurwaldsänger zu den auffallendsten. Er ist in den gebirgigen Regionen Mexikos heimisch, wo er Kiefern-, Eichen- und Tannenwälder bewohnt. Allein oder paarweise sucht er in Gebüschen und Bäumen bis in mittlere Höhen nach Insekten, seiner Hauptnahrung. Waldsängerpaare bleiben das ganze Jahr über zusammen, brüten in höheren Lagen und ziehen dann zum Überwintern in niedrigere und wärmere Gegenden. Sie bauen Nester aus Gräsern, Kiefernnadeln und anderen pflanzlichen Materialien im Dickicht in Bodennähe.

Der Gesang der Waldsänger besteht abwechselnd aus kurzen und längeren Trillern sowie – in geringerer Anzahl – hohen Tönen, die wie *chip* klingen. Zu den häufigen Rufen gehören ein sattes *pseet* und ein hohes, dünnes *tsii*.

KUBA-STREIFENKOPFTANGARE

– Spindalis zena –

Die hohen Pfeiftöne der Kuba-Streifenkopftangare.

Die Tangaren sind eine Familie zierlicher, meist farbenfroher Neuweltvögel mit über 200 Arten, deren Nahrung aus Obst und Beeren besteht. Die vier Arten der Streifenkopftangaren (*Spindalis*), die nur in der Karibik vorkommen und einander sehr ähnlich sehen, gelten seit 2013 als einzige Vertreter einer eigenständigen Vogelfamilie: der *Spindalidae*. Während bei den Männchen der Kopf schwarz-weiß gestreift und Nacken, Hals sowie Brust orange bis gelb gefärbt sind, sind die Weibchen mit ihrem bräunlich olivfarbenen Federkleid viel unauffälliger. Auf den Bahamas, Grand Cayman, Kuba sowie auf der zu Mexiko gehörenden Insel Cozumel begegnet man der Kuba-Streifenkopftangare recht häufig. Sie bewohnt die unterschiedlichsten Lebensräume, darunter offenes Waldland, Bergwälder und Buschland. Mancherorts nistet diese Vogelart bevorzugt in Kiefern. Die Kuba-Streifenkopftangare, die man meist paarweise oder in kleinen Gruppen antrifft, sucht sowohl in Sträuchern als auch weit oben in Bäumen nach Nahrung, insbesondere nach Beeren.

Die Lautäußerungen der Kuba-Streifenkopftangare sind vielfältig. Sie trällert ihre Gesänge gern aus großer Höhe in die Welt hinaus. Ein Gesang besteht aus dünnen, hohen Pfiffen, die von Beobachtern als *seet* und *deet* beschrieben werden – mitunter begleitet von Zwitschertönen –, ein anderer aus leisen Trillern. Ein häufiger Ruf klingt wie *seeip*, eine Lautäußerung im Flug wie *seet sit-t-t-t-t*.

KAPPENNASCHVOGEL

– Chlorophanes spiza –

Der Warnruf des Kappennaschvogels, ein scharfes Tschilpen.

Der Kappennaschvogel gehört als einziger Vertreter der Gattung *Chlorophanes* zu den Tangaren, einer großen Familie kleiner, bunter Singvögel, die nur auf dem amerikanischen Doppelkontinent heimisch sind. Mit seiner speziell geformten Zunge und dem leicht nach unten gebogenen langen Schnabel sucht er in Blüten nach Nektar. Manchmal pickt er dazu auch ein Loch in den Blütenboden, sodass der Nektar herausfließt. Daneben ernährt er sich wie andere Tangarenarten von kleinen Früchten, Samen und Insekten. Kappennaschvögel halten sich vor allem in den himmelhohen Baumkronen der Tropenwälder von Südmexiko bis Brasilien auf, kommen aber auch in Bodennähe an Waldrändern, auf Lichtungen mit vereinzelten Bäumen und in Gärten vor. Sie sind meist allein oder paarweise anzutreffen, insbesondere auf blühenden Bäumen, wo sie mitunter kopfüber an Blättern hängen, um an besonders schmackhaften Nektar zu gelangen. Die Männchen sind von leuchtend grüner oder blaugrüner Farbe und haben rote Augen, die Weibchen sind gelblich grün.

Die Lautäußerungen des Kappennaschvogels sind bisher nur dürftig dokumentiert. Vermutlich besteht ihr Gesang aus leisen Summern, gefolgt von oder gemischt mit Trillern oder Zirplauten wie *tst-tst-CHIT* und mit vielen *tst*-Lauten zum Abschluss. Ein Warnruf klingt wie ein scharfes *tchiip*, und beim Fliegen stößt dieser Vogel ein *tssip* aus.

ZUCKERVOGEL

– Coereba flaveola –

Die hohen Triller und Summer des männlichen Zuckervogels.

Der klitzekleine Zuckervogel oder Bananenquilt mit seiner leuchtend gelben Brust kommt auf vielen karibischen Inseln, im südlichen Mexiko und in weiten Teilen Südamerikas vor. Seine familiäre Zuordnung wechselte im Laufe der Zeit mehrmals: Er galt länger als Mitglied der Tangaren und der Waldsänger, doch neuere Forschungen legen nahe, dass er mit keiner anderen Vogelgruppe eng verwandt ist und daher als einziges Mitglied einer eigenen Familie innerhalb der Ordnung der Sperlingsvögel betrachtet werden sollte. Zuckervögel suchen mit ihrem charakteristischen, leicht nach unten gebogenen Schnabel in kleinen Blüten nach Nektar oder hacken Löcher in Früchte, um den Saft zu genießen. Außerdem fressen sie Insekten und Spinnen oder auch Früchte, insbesondere Bananen, aus Vogelfutterhäuschen. Diese Vogelart, die in Teilen ihres Verbreitungsgebiets liebevoll »Reinita« (»kleine Königin«) genannt wird, lebt in feuchten Wäldern, Gärten und Plantagen. In manchen Gegenden nascht sie auch in Gartenrestaurants Zucker von den Tischen.

Die Zuckervögel singen fast das ganze Jahr über. Ihr Gesang unterscheidet sich auf dem Festland von Region zu Region sowie von Karibikinsel zu Karibikinsel. Im Südosten Mexikos besteht der übliche Gesang aus einer schnellen Abfolge hoher, sirrender Töne, gefolgt von einem Triller: *tsee-tsee-tsee-tsee-tsee-tzzeew.* Anderswo ähneln ihre Gesänge eher hohen Trillern, einem sirrenden, schrillen Zwitschern oder sogar einem kurzen Zischen.

HAUBENKASSIKE

– Cacicus melanicterus –

Mit Klappern und Pfeifen balzt das Männchen
der Haubenkassike um die Gunst eines Weibchens.

Die Haubenkassike mit ihrem auffälligen schwarz-gelben Federkleid gehört zur
Familie der Stärlinge, die ausschließlich in der Neuen Welt vorkommen. Weitere
Mitglieder dieser Familie ohne »-stärlinge« im Namen sind die Grackeln, Trupiale
und Stirnvögel. Wie ihr Name schon vermuten lässt, sticht die Haubenkassike
unter den Stärlingen durch ihre markante Haube hervor. Sie bewohnt im
Tiefland an der mexikanischen Westküste so unterschiedliche Lebensräume
wie Waldränder, offene Flächen mit spärlichem Baumbewuchs, Buschland und
Obstplantagen. Die Haubenkassiken halten sich meist paarweise oder in kleinen
Schwärmen im mittleren oder oberen Bereich von Bäumen auf, während sie
sich an ihren Schlafplätzen zu Hunderten versammeln. Sie brüten allein oder
in kleinen Kolonien von bis zu zehn Nestern, die nahe beieinander hoch oben
in einem Baum hängen.

Die lautstarken Haubenkassiken verfügen über ein großes Repertoire an
Lautäußerungen. Der Gesang dieser Vogelart besteht aus einem Klappern, gefolgt
von leiseren Tönen, die ein Beobachter als *rrah, uh-uu, uh-uu, raahn'ee raahn'ee*
beschrieb. Einige Rufe hören sich pfeifend, klappernd oder rau an, während das
ki-errr ink-ink-ink dieser Vögel einem Klingeln ähnelt. Ein häufiger Ruf klingt
wie *huik* oder *whik*, ein anderer wie ein nasales *raah* mit steigender Intonation.

ORANGEBLAUFINK

– Passerina leclancherii –

Der trällernde Reviergesang des Orangeblaufinken.

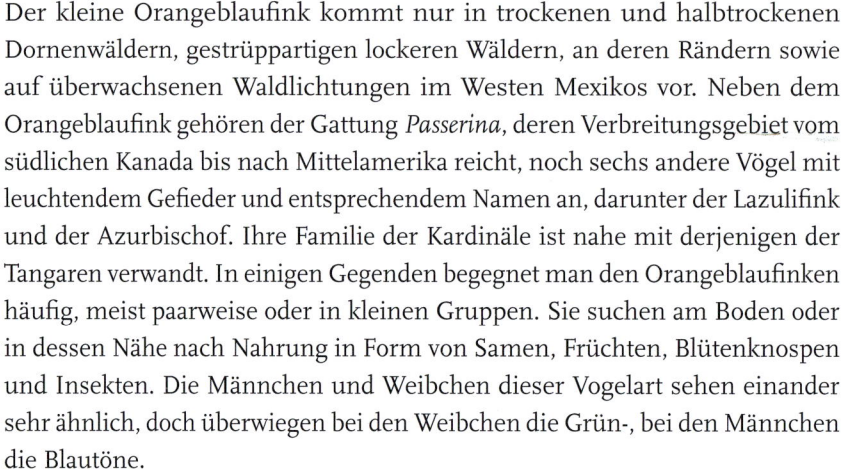

Der kleine Orangeblaufink kommt nur in trockenen und halbtrockenen Dornenwäldern, gestrüpppartigen lockeren Wäldern, an deren Rändern sowie auf überwachsenen Waldlichtungen im Westen Mexikos vor. Neben dem Orangeblaufink gehören der Gattung *Passerina*, deren Verbreitungsgebiet vom südlichen Kanada bis nach Mittelamerika reicht, noch sechs andere Vögel mit leuchtendem Gefieder und entsprechendem Namen an, darunter der Lazulifink und der Azurbischof. Ihre Familie der Kardinäle ist nahe mit derjenigen der Tangaren verwandt. In einigen Gegenden begegnet man den Orangeblaufinken häufig, meist paarweise oder in kleinen Gruppen. Sie suchen am Boden oder in dessen Nähe nach Nahrung in Form von Samen, Früchten, Blütenknospen und Insekten. Die Männchen und Weibchen dieser Vogelart sehen einander sehr ähnlich, doch überwiegen bei den Weibchen die Grün-, bei den Männchen die Blautöne.

Die Gesänge der Mitglieder der Gattung *Passerina* ähneln einander und bestehen aus Trällern, die von Beobachtern als wohlklingend und nicht selten lang anhaltend beschrieben werden: Sie dauern zwischen zwei und fünf Sekunden. Seinen Gesang, der der kräftiger und lieblicher als der seiner nächsten Verwandten ist, trägt der Orangeblaufink meist von einem exponierten Ansitz aus vor. Sein häufigster kurzer Ruf klingt wie *tchik* oder *chlik*.

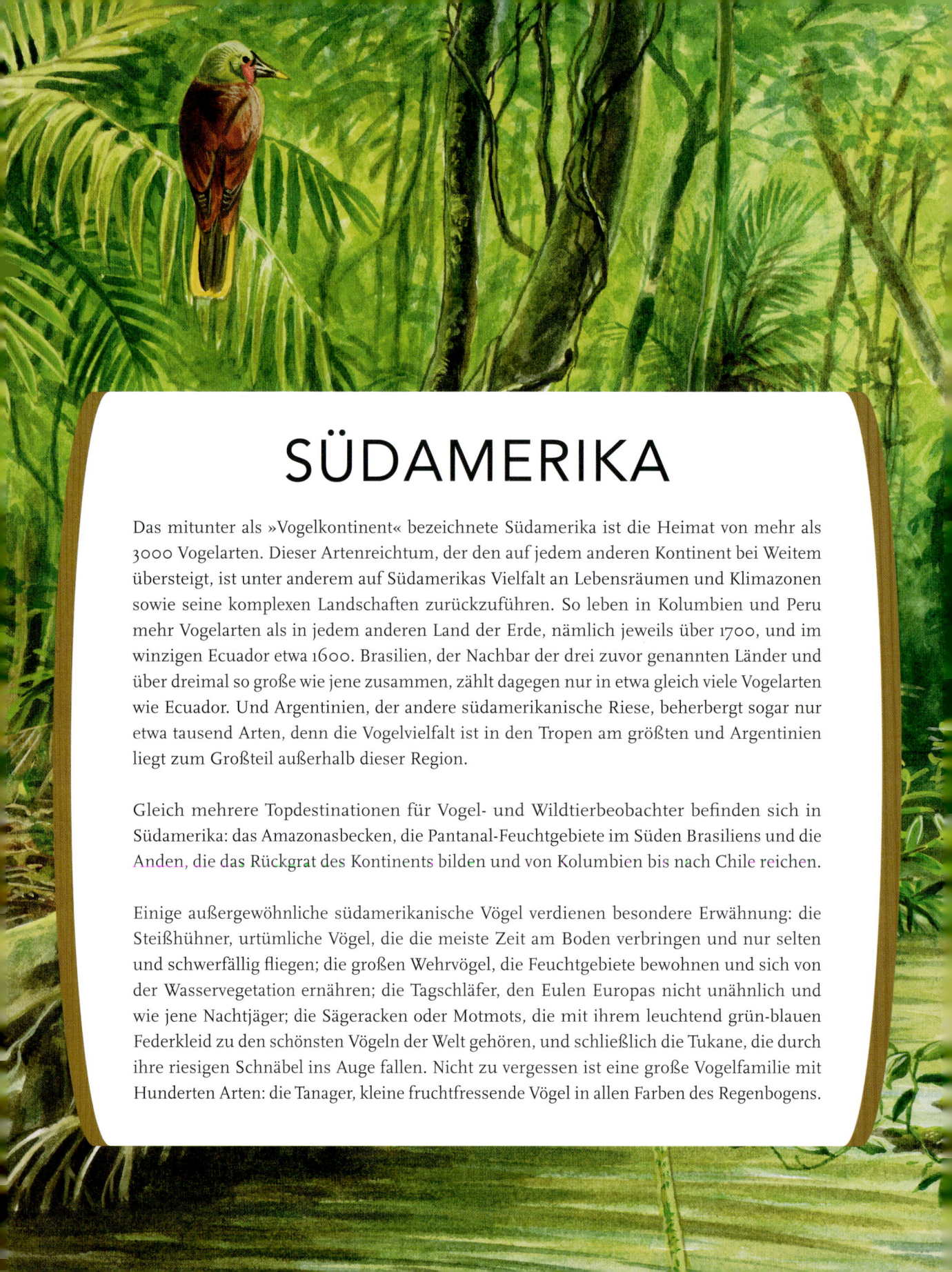

SÜDAMERIKA

Das mitunter als »Vogelkontinent« bezeichnete Südamerika ist die Heimat von mehr als 3000 Vogelarten. Dieser Artenreichtum, der den auf jedem anderen Kontinent bei Weitem übersteigt, ist unter anderem auf Südamerikas Vielfalt an Lebensräumen und Klimazonen sowie seine komplexen Landschaften zurückzuführen. So leben in Kolumbien und Peru mehr Vogelarten als in jedem anderen Land der Erde, nämlich jeweils über 1700, und im winzigen Ecuador etwa 1600. Brasilien, der Nachbar der drei zuvor genannten Länder und über dreimal so große wie jene zusammen, zählt dagegen nur in etwa gleich viele Vogelarten wie Ecuador. Und Argentinien, der andere südamerikanische Riese, beherbergt sogar nur etwa tausend Arten, denn die Vogelvielfalt ist in den Tropen am größten und Argentinien liegt zum Großteil außerhalb dieser Region.

Gleich mehrere Topdestinationen für Vogel- und Wildtierbeobachter befinden sich in Südamerika: das Amazonasbecken, die Pantanal-Feuchtgebiete im Süden Brasiliens und die Anden, die das Rückgrat des Kontinents bilden und von Kolumbien bis nach Chile reichen.

Einige außergewöhnliche südamerikanische Vögel verdienen besondere Erwähnung: die Steißhühner, urtümliche Vögel, die die meiste Zeit am Boden verbringen und nur selten und schwerfällig fliegen; die großen Wehrvögel, die Feuchtgebiete bewohnen und sich von der Wasservegetation ernähren; die Tagschläfer, den Eulen Europas nicht unähnlich und wie jene Nachtjäger; die Sägeracken oder Motmots, die mit ihrem leuchtend grün-blauen Federkleid zu den schönsten Vögeln der Welt gehören, und schließlich die Tukane, die durch ihre riesigen Schnäbel ins Auge fallen. Nicht zu vergessen ist eine große Vogelfamilie mit Hunderten Arten: die Tanager, kleine fruchtfressende Vögel in allen Farben des Regenbogens.

WELLENTINAMU

– Crypturellus undulatus –

Der Pfeifgesang des Wellentinamu ist in den
südamerikanischen Wäldern ein vertrauter Klang.

Der Wellentinamu gehört zur Familie der in Mittel- und Südamerika heimischen Steißhühner, die versteckt leben und an Perlhühner erinnern. Ihre nächsten Verwandten sind jedoch die viel größeren Laufvögel wie der südamerikanische Nandu und der afrikanische Strauß. Steißhühner können zwar fliegen, aber nur über kurze Distanzen und in Bodennähe. Da sie im Verborgenen leben, ist ihr Studium ein schwieriges Unterfangen. Den Wellentinamu haben Forscher in Wald-, Savannen- und Buschgebieten zwischen Venezuela und Guyana im Norden des Kontinents und Nordargentinien im Süden gesichtet. Sein Verbreitungsgebiet umfasst damit den Großteil des Amazonasbeckens. Als Nahrung bevorzugen Steißhühner Früchte, Samen und Insekten.

Die lauten, klangreinen, melodiösen Pfiffe der Steißhühner gehören untrennbar zur Geräuschkulisse der südamerikanischen Wälder. Sie ähneln mitunter Orgel- oder Flötenklängen und hallen oft den ganzen Tag lang durch den Wald. Das melancholische *doh doh doOH* des Wellentinamu besteht aus drei bis vier Tönen und steigt zum Ende hin an.

HORNWEHRVOGEL

– Anhima cornuta –

Das lautstarke *WEEboo* eines Hornwehrvogels.

Die Wehrvögel sind große, gedrungene Wasservögel und in Südamerika heimisch. Die Familie zählt nur drei Mitglieder, von denen der Hornwehrvogel die größte Verbreitung hat: von Kolumbien über Brasilien bis ins nördliche Argentinien. Am Boden ähneln sie zwar großen, dunkel gefärbten Gänsen und im Flug Adlern mit langen Beinen, aber ihre nächsten Verwandten sind die Entenvögel. Hornwehrvögeln begegnet man fast ausschließlich in der Nähe von Wasser: in feuchten Wäldern, Savannen, Sümpfen sowie auf Grasland an Flüssen. Sie ernähren sich hauptsächlich von Wurzeln, Blättern, Blüten und Samen der Wasservegetation und leben in Paaren oder kleinen Familien, die ihrerseits oft Teil eines kleinen Schwarms sind.

Die Wehrvögel sind sehr lautstark und gute Flieger. Während sie in große Höhen aufsteigen oder in der Luft kreisen, stoßen sie immer wieder ihre gellenden Rufe aus. Diese Wasservögel landen auch gern in Baumkronen und tragen von dort ihr unverwechselbares *WEEboo* vor. Dabei beginnt das Weibchen, und das Männchen antwortet mit einem tieferen Ton. In Gefahrensituationen geben die Wehrvögel auch harsche, kehlige Lautäußerungen von sich.

CAYENNERALLE

– Aramides cajaneus –

Der laute Reviergesang einer Cayenneralle.

Die scheue Cayenneralle ist vor allem in moorigen Wäldern, Sümpfen, Mangrovenwäldern und am bewaldeten Ufer von Flüssen und Bächen zwischen Südmexiko und Nordargentinien anzutreffen, wo sie in Bodennähe lebt. In besiedelten Gebieten dringt sie auch in sumpfige Zuckerrohrplantagen oder auf feuchte, buschbestandene Weiden vor. In der Regel hüpfen die hübschen Rallen in aufrechter Haltung über den Boden oder waten durch das seichte Wasser, manchmal sitzen sie aber auch auf Bäumen und Sträuchern. Sie sind von der Morgen- bis in die Abenddämmerung aktiv und machen sich in Paaren auf Nahrungssuche. Dazu nähern sie sich vorsichtig lebenden Opfern wie Krebsen, Schnecken, Insekten und Fröschen, fressen aber auch Obst. Wenn Früchte oder Beeren in einiger Höhe über ihrem Pirschpfad hängen, springen sie hoch, um ihrer habhaft zu werden. Auf diese Weise stehlen sie auch Eier aus Vogelnestern.

Die länger andauernden Rufe der stimmgewaltigen Cayenneralle kann man häufig in der Morgen- und Abenddämmerung, manchmal auch in der Nacht hören. Sie sind laut, rollend, ziemlich melodiös und klingen wie *TERres-pot TERres-pot TERres-pot-pot-pot, chirrin-co chirrin-co chirrin co-co-co* oder auch *kook-kooky kook-kooky ko-ko-ko*. Paare singen nicht selten im Duett. In Brasilien heißen diese Rallen nach ihrem Ruf *três-potes* (»drei Töpfe«).

HAUBENGUAN

– Penelope purpurascens –

Der schrille, pfeifende Ruf eines Haubenguans.

Der Haubenguan, auch als Rostbauchguan bekannt, gehört zur Gattung der Schakuhühner und damit zur Familie der Hokkohühner, entfernten Verwandten unseres Haushuhns, die in den Tropen und Subtropen Süd- und Mittelamerikas heimisch sind. Er wird bis zu einem Meter lang, hat eine buschige Haube, kahle bläuliche Haut um die Augen und einen roten herunterhängenden Kehlsack. Die Art bewohnt – insbesondere feuchte – Waldgebiete vom nördlichen Südamerika bis in den Süden Mexikos. Alleine, paarweise oder in kleinen Familien suchen die Haubenguane auf Bäumen nach Feigen, Papayas und anderen Früchten, Beeren, Samen und Blättern. Gelegentlich fliegen sie auch zum Boden hinab, um Fallobst und Käfer zu sammeln.

Meist früh morgens oder in der Abenddämmerung sind die fast ohrenbetäubenden Hup- und Kläfflaute der Haubenguane zu hören, die als *kyeh-kyeh-kyeh* und *yoink-yoink-yoink* beschrieben werden. Zu ihren weiteren Rufen gehören ein langes, wiederholtes *konh-konh-konh* und ein gutturales *kweeohh*.

HARPYIE

– Harpia harpyja –

Das gellende *weeee-eww* der Harpyie.

Die Harpyie gilt als der kräftigste Greifvogel der Welt und bewohnt vor allem abgelegene (sub-)tropische Regenwälder im Tiefland zwischen Südmexiko und Nordargentinien. Vom Schnabel bis zur Schwanzspitze hat sie eine Länge von etwa einem Meter bei einer Flügelspannweite von bis zu zwei Metern. Zu den Beutetieren der Harpyie gehören größere Tiere wie Affen und Faultiere, aber auch Ameisenbären, Nasenbären, Opossums, Stachelschweine, junge Hirsche, große Papageien, Hokkohühner und Reptilien wie Leguane oder Schlangen. In bewohnten Regionen jagen die mächtigen Greifvögel auch Hühner, Hunde, Lämmer, Schweine und kleine Ziegen. Sie töten ihre Beute schnell, um sie dann in Ruhe in einer Baumkrone zu verzehren.

Als häufigster Ruf der Harpyie gilt ein lautes, schrilles *weeee-eww* oder *whee … whee … wheeu*. Vogelkundler hörten sie auch schon leise gackern und krächzen.

SPERBERWALDFALKE

– Micrastur ruficollis –

Ein vielmals wiederholtes *keyak*, der typische Ruf dieser Vogelart.

Der Sperberwaldfalke ist ein Raubvogel, der die dichten, feuchten Wälder Süd- und Mittelamerikas bewohnt. Seine kurzen Flügel und sein langer Schwanz helfen ihm dabei, sich mit Leichtigkeit durch das dichte Laub der Kronen und das Geäst der eng beieinander stehenden Bäume zu bewegen. Seine eher großen Ohrmuscheln lassen darauf schließen, dass er in stärkerem Maße nach Gehör jagt als die meisten anderen Falken. Neben Eidechsen, seiner Hauptnahrung, frisst der schnelle, meist verborgen lebende Sperberwaldfalke auch größere Insekten, kleine Vögel, Frösche, Fledermäuse und kleine Schlangen. Häufiger als die anderen Waldfalken lauert er in der Nähe von Wanderameisenschwärmen seiner Beute auf und schnappt sich Insekten und andere kleine Tiere, wenn sie auf der Flucht vor den Ameisen ihre Verstecke verlassen. Diese Vogelart kommt – manchmal selbst in ein und derselben Region – in zwei Formen vor: mit grauem und mit rötlich braunem Rücken.

Der charakteristische Ruf des Sperberwaldfalken ist ein abruptes *keyak*. Er stößt ihn oft monoton viele Male hintereinander aus, bevorzugt in der Morgen- und Abenddämmerung sowie an Regentagen. Eine längere Lautäußerung klingt wie *keyo-keyuh-keyOH ko ko ko.*

SONNENRALLE

– Eurypyga helias –

Der weithin hörbare Ruf der Sonnenralle
klingt wie *eeeeeeeeeeeeuree*.

Die etwa 45 Zentimeter lange Sonnenralle hat ein hübsch gemustertes graues, braunes und schwarzes Federkleid, einen schwarzen Kopf mit weißen Streifen, einen langen, geraden Schnabel, einen schlanken Hals und einen langen Schwanz. Sie lebt in den Tropen Mittel- und Südamerikas an Waldbächen und in der Nähe überfluteter Wälder. Hier sucht sie über den Waldboden oder durch das seichte Wasser schreitend nach Insekten, Spinnen, Krebstieren, Fröschen und kleinen Fischen. Sehenswert ist ihre Balz- und ihre Drohgebärde: Das gelb-braun-schwarze »Sonnen«-Muster der ausgebreiteten Flügel soll mögliche Partner anlocken und Feinde abschrecken. Die elegante Sonnenralle ist ein wachsamer Vogel und tritt in der Regel einzeln auf. Aus Blättern und Schlamm baut sie runde, napfförmige Nester in Bäumen oder Büschen. Das Verbreitungsgebiet der Art reicht von Guatemala bis nach Peru und Zentralbrasilien.

Viele Rufe der Sonnenralle sind laut und weithin hörbar. Am frühen Morgen hört man oft einen klaren, hohen Pfeifton, der wie *eeeeeeeeeeeeuree* klingt. Ein lautes *kak kak kak kak* dient wohl als Werbungsruf. Außerdem wird von einer Reihe kürzerer, meist pfeifender oder trillernder Rufe berichtet, deren Tonhöhe ansteigt oder fällt. Wenn sie gestört wird oder Gefahr droht, stößt die Sonnenralle als Warnruf ein zischendes *churr* aus.

GRAUFLÜGEL-TROMPETERVOGEL

– Psophia crepitans –

Diese lauten, stakkatoartigen Rufe sind
typisch für den Grauflügeltrompeter.

Die Trompetervögel haben lange Beine und sehen bucklig aus. Alle drei existierenden Arten leben am Boden der dichten Tropenwälder Südamerikas, der Grauflügeltrompeter jedoch nur im nördlichen Teil bis zum Amazonas. In Gebieten, in denen die Trompeter gejagt werden, bekommt man sie nur sehr selten zu Gesicht. Um sich zu ernähren, suchen sie den Waldboden nach herabgefallenen Früchten ab oder scharren ihn mit ihren Krallen auf, um Insekten aufzuscheuchen. Als schlechte Flieger erheben sie sich meist nur vom Boden, um auf Bäumen einer Gefahr zu entgehen oder um auf einem Ast die Nacht zu verbringen. Trompeter leben fast immer in Schwärmen von fünf bis zwei Dutzend oder mehr Tieren. In manchen Gegenden werden sie eingefangen und als Haustiere gehalten.

Wie ihr Name vermuten lässt, sind Trompetervögel in der Regel sehr lautstark. Ihre Rufe, die nicht immer trompetenähnlich klingen, beginnen meist etwa zwei Stunden nach Sonnenuntergang durch die Nacht zu hallen. Es handelt sich vor allem um Reviergesänge, die mit drei bis fünf lauten Stakkato-Tönen beginnen, unmittelbar gefolgt von einem langen, abfallenden: *oh-oh-oh-oh-ooooooooh*. Zum Lautrepertoire der Trompetervögel gehören ferner leisere brummende und knurrende Rufe sowie ein *woop*, das sie ausstoßen, wenn sie über den Boden laufen.

HYAZINTH-ARA

– Anodorhynchus hyacinthinus –

Kraaa-aaa ruft der Hyazinth-Ara durch den Regenwald.

Zu den Höhepunkten der Reise eines Vogelkundlers ins brasilianische Amazonasbecken oder ins riesige Pantanal-Feuchtgebiet gehört die Sichtung eines Schwarms kobaltblauer Hyazinth-Aras beim Fressen oder Faulenzen in einem großen Obstbaum. Mit rund einem Meter Länge sind diese wunderschönen Vögel nicht nur größer als die andere nicht ausgestorbene Blauara-Art, sondern auch größer als alle anderen Papageien. Das Gefieder des Hyazinth-Aras ist einheitlich leuchtend blau, die nackte Haut rund um die Augen und am Unterschnabel gelb, kleine Bereiche sind schwarz – wie auch die Unterseite der Flügel. Diese Papageienart lebt paarweise oder in kleinen Gruppen in Palmen oder anderen hohen Bäumen in Flussnähe. Sie nistet hoch oben in diesen Bäumen, sowie in einigen Regionen auch in Klippenhöhlen. Die Nahrung der prächtigen Vögel besteht aus Samen, Nüssen und anderen hartschaligen Früchten, nach denen sie am Boden oder in Bäumen suchen. Auch bestimmte Schneckenarten verzehren sie. Der über Jahrzehnte als Ziervogel gejagte Hyazinth-Ara gilt heute als gefährdet.

Die Rufe des Hyazinth-Aras sind laut und schrill. Als häufigste gelten *kraaa-aaa kraaa-aaa* und *kraa-ee kraa-ee*, die Warnrufe klingen krächzend. Über weitere Strecken fliegen Paare in der Regel hoch in der Luft, bleiben dicht beieinander und rufen einander pausenlos.

GOLDSITTICH
– Guaruba guarouba –

Das vertraute *greh-greh* mehrerer Goldsittiche.

Der Goldsittich lässt keine Zweifel daran aufkommen, dass er ein Papagei ist. Mit seinem leuchtend goldgelben Federkleid, dem langen Schwanz und dem großen Schnabel gehört er zu den auffälligsten Vögeln Südamerikas. Seine Art kommt nur in Brasilien vor, in zwei weit voneinander entfernten, ziemlich kleinen Regionen im Norden des Landes. Er bevorzugt hügelige Gebiete im dichten Regenwald, sucht zum Brüten aber auch Flächen mit lockerem Baumbewuchs auf. Der Goldsittich ist sehr gesellig und tritt fast immer in Gruppen von fünf bis zehn Vögeln auf. Auf der Suche nach Früchten, Knospen und Blüten in den Baumkronen legt er oft größere Strecken zurück. Da dieser Sittich sich gelegentlich auch an angebautem Mais und Mangos gütlich tut, werden die Vögel von den Plantagenbesitzern gejagt. In Verbindung mit der umfangreichen Abholzung seiner Lebensräume und dem illegalen Handel als Ziervogel hat dies dazu geführt, dass sein Bestand stark zurückgegangen ist und der Goldsittich heute zu den bedrohten Arten gehört.

Im Flug rufen Goldsittiche wiederholt *greh, greh, greh* oder auch *keek, keek, keek*. Auch bei der Nahrungsaufnahme rufen sie manchmal *keek*, beim Balzen geben sie ein lang gezogenes *kewo* von sich.

HOATZIN

– Opisthocomus hoazin –

Zu den typischen Rufen des lautstarken Hoatzin
gehört ein wiederholtes *gaah-gaah-gaah*.

Der Hoatzin ist in den feuchten Wäldern und Sümpfen im nördlichen Teil von Südamerika heimisch und zählt zu den faszinierendsten Tieren des Kontinents. Der truthahngroße Vogel mit der markanten Haube und dem blau schimmernden Gesicht lässt sich mit keiner anderen Vogelart vergleichen – es wurde mitunter behauptet, er sehe einem kleinen gefiederten Dinosaurier ähnlich. Hoatzins trifft man meist in Schwärmen von zwei bis acht Tieren in Büschen oder kleinen Bäumen an den Ufern träger Bäche oder bewaldeter Seen an. Sie ernähren sich ausschließlich von Blättern. Ihr Verdauungssystem ähnelt dem von Kühen, sodass sie sonst unverdauliche Pflanzenteile mittels Gärung abbauen.

Hoatzins sind laute Vögel: Wenn ein ganzer Schwarm gemeinsam singt, macht er gehörig Krach. Ein häufiger Ruf klingt wie ein tiefes, heiseres *gaah-gaah-gaah-gaah*; die Palette ist aber ziemlich vielfältig.

PFAUENTROGON

– Pharomachrus pavoninus –

Der Ruf des Pfauentrogons: ein energisches *chok!*, gefolgt von einem gepfiffenen *heeeeear*.

Die als Trogone bekannten mittelgroßen, gedrungenen Vögel sind eine wahre Augenweide. Der in Mittelamerika heimische Quetzal mit seinem langen Schwanz gilt bei Vogelfreunden gar als der sehenswerteste Vogel des amerikanischen Doppelkontinents. Der Pfauentrogon mit seinem kürzeren Schwanz, aber gleichfalls roten und smaragdgrünen Federkleid folgt ihm in der Rangliste dicht auf den Fersen. Er lebt in weiten Teilen des südamerikanischen Amazonasbeckens und hält sich dort meist im Inneren der feuchten Tieflandwälder auf. Seine Nahrung besteht offenbar vor allem aus Früchten und Insekten.

Die häufigste Lautäußerung des Pfauentrogons ist eine Folge von fünf Tönen: *ew ewwo-ewwo-ewwo-ewwo-ewwo*. Ein weiterer Ruf ist ein lautes Pfeifen mit sinkender Tonhöhe, das wie *heeeeear* klingt, oft gefolgt von einem abrupten *chok!*

RIESENANI

– Crotophaga major –

Ein häufiger Ruf aus dem vielfältigen Gesangsrepertoire
des Riesenanis.

Der Riesenani ist eng mit dem Kuckuck verwandt und in weiten Teilen des nördlichen und zentralen Südamerikas heimisch. Durch den oben bogenförmig erhöhten Schnabel, die lauten Rufe und das glänzende blauschwarze Federkleid ist er leicht zu identifizieren. Dieser Vertreter der Gattung der Anis lebt in tropischen, immergrünen Wäldern, inmitten dichter Vegetation in der Nähe von Wasser, beispielsweise an Flussrändern, Seen, in Sümpfen und Mangrovenwäldern. Er ist sehr gesellig und meist in Schwärmen von drei bis vier oder auch mehr Paaren anzutreffen, die in Bäumen und auf dem Waldboden nach Nahrung suchen, bevorzugt nach Insekten, Spinnen, kleine Eidechsen, Früchte, Beeren und bestimmte Samen. Manchmal folgen Riesenanis Affengruppen und fressen Insekten, die die Primaten aufgescheucht haben. Bemerkenswert ist, dass die Anis in Gruppen brüten: Alle Weibchen eines Schwarms legen ihre Eier in ein gemeinsames Nest.

Anis sind in der Regel eher lautstarke Vögel und geben zahlreiche, sehr unterschiedliche Rufe von sich. Beim Riesenani reichen diese von gutural bis melodiös, von knurren über krächzen und knirschen bis zu surren und zischen. Zu den häufigen Lautäußerungen gehören ein melodisches *kew-urre* oder *kro-koro*, ein sich wiederholendes *wow ... wow ... wow* und ein tiefes *oaak*.

RIESENTAGSCHLÄFER

– Nyctibius grandis –

Der nächtliche Ruf eines Riesentagschläfers.

Tagschläfer sehen mit ihren großen Köpfen, riesigen Augen und ihrer aufrechten Haltung Eulen nicht unähnlich. Die mittelgroße Vogelgattung bewohnt feuchte, immergrüne Wälder zwischen Mexiko und Argentinien und umfasst sieben Arten. Die größte davon ist der Riesentagschläfer, dessen Verbreitungsgebiet vom äußersten Süden Mexikos bis nach Südbrasilien reicht. Tagsüber versteckt er sich in Bäumen, wo er mit seiner Tarnfärbung und dem nach oben gerichteten Schnabel kaum von toten Ästen zu unterscheiden ist. Sobald es Nacht wird, machen sich die Tagschläfer als Einzelgänger auf die Jagd nach großen Insekten, kleinen Vögeln und Eidechsen. Dabei lauern sie ihrer Beute meist auf einem Ast sitzend auf, um die Insekten im Sturzflug in der Luft zu fangen. Tagschläfer bauen keine Nester; die Weibchen legen ein einzelnes Ei in die Spalte eines Baumstumpfs oder großen Astes, oft hoch oben in einem Baum.

Da man sie nur selten zu Gesicht bekommt, erkennt man Tagschläfer hauptsächlich an ihren klagenden Rufen. Beim Riesentagschläfer ist dies ein sehr lautes, harsches *groaaaa* oder *kwaaahw*, das er etwa alle zehn Sekunden wiederholt, vor allem in der Dämmerung und in Mondscheinnächten. Wenn er gestört wird, gleichen seine Rufe einem Bellen und Grunzen.

BREITSCHWINGENKOLIBRI

– Eupetomena macroura –

Ein paar laute *tsak*-Rufe eines Breitschwingenkolibris.

Der unverkennbare Breitschwingenkolibri gehört mit seinem tief gegabelten Schwanz und dem leuchtend grünen und violettblauen Federkleid zu den schönsten südamerikanischen Kolibris. Diese Vogelart lebt in den Guyanas, Brasilien und Teilen Perus sowie Boliviens. Obwohl sie in vielen Regionen ihres Verbreitungsgebiets recht häufig vorkommen, sind diese Vögel nicht immer leicht zu entdecken, da sie meist im mittleren bis oberen Bereich hoher Bäume nach Nahrung suchen. Sie leben in Wäldern, an Waldrändern und in offenen, savannenähnlichen Gebieten, fühlen sich aber auch in Plantagen, Parks und Gärten heimisch. Breitschwingenkolibris ernähren sich vom Nektar der Baumblüten und der Epiphyten (Aufsitzerpflanzen), die auf den Ästen der Bäume wachsen. Außerdem fangen sie Insekten in der Luft. Diese besondere Kolibriart gilt als sehr aggressiv und verteidigt ihre Nahrungsressourcen hartnäckig, indem sie andere Kolibris von den »eigenen« Blüten verjagt.

Die Gesänge einiger Kolibris sind melodisch, doch der Breitschwingenkolibri und die meisten anderen Arten kennen nur einfache Lautäußerungen. Der Breitschwingenkolibri zwitschert leise, nicht selten abwechselnd mit einem Ruf, der wie *cha-cha-cha* klingt. Auch ein *tsak* hört man öfter von ihm.

PARADIESGLANZVOGEL

– Galbula dea –

Grelle Pieptöne mit fallender Tonhöhe sind typisch
für den Gesang des Paradiesglanzvogels.

Die Heimat der kompakt gebauten Glanzvögel mit ihren langen, dünnen
Schnäbeln, mit denen sie Insekten im Flug fangen, ist Süd- und Mittelamerika.
Ihr schillerndes Gefieder, die überlangen Schnäbel und ihr bisweilen sehr
lebhaftes Verhalten lassen bei vielen Beobachtern, die sie zum ersten Mal
sehen, die Frage aufkommen, ob es sich nicht vielleicht um übergroße Kolibris
handle. Die Glanzvögel gehören jedoch zur Ordnung der Spechtvögel. Mit
seinem fast durchgehend blauschwarzen oder schwarzen Federkleid zählt der
Paradiesglanzvogel in seiner Familie zu den wenigen Ausnahmen, denn bei den
meisten anderen Mitgliedern sind Brust und Bauch rosa bis rostbraun gefärbt.
Der Paradiesglanzvogel ist in den Regenwäldern des Amazonas heimisch und
dort auf Lichtungen und an Flussrändern anzutreffen. Er hält gern von einem
Ast aus Ausschau, bis er ein fliegendes Insekt erspäht; dann schießt er hervor
und packt es mit der Spitze seines scharfen Schnabels im Flug.

Wie die meisten anderen Mitglieder ihrer Familie sind auch die Paradiesglanzvögel
eher leise, und ihre Lautäußerungen sind von einfacher Art. Sie stoßen im Flug
oder im Sitzen meist ein kurzes, hohes *pip* oder *glewweh* aus. Ein weiterer Ruf
klingt wie *ghib-ghib-rrehha*. Der Gesang des Paradiesglanzvogels besteht aus einer
Reihe von abgehackten, kurzen Tönen, deren Tonhöhe immer stärker abfällt.
Sie klingen am Ende aus und hören sich wie *peep peep peep peep pee pee pee* an.

ZIMTBRUSTMOTMOT

– Baryphthengus martii –

Der Reviergesang des Zimtbrustmotmots ist
den Rufen einer Eule nicht unähnlich.

Wenn es um die Wahl des schönsten südamerikanischen Vogels geht, sind die Sägeracken (Motmots) mit ihrem knallig grün-orangen oder grünen Federkleid, den auffälligen schwarzen »Masken« um die Augen und den stark verlängerten mittleren Schwanzfedern stets ganz vorne mit dabei. Bei Vogelkundlern, die ins weite Reich der Motmots zwischen Mexiko und dem zentralen Südamerika reisen, stehen diese Vögel mit Sicherheit auf der Shooting-Wunschliste. Der Zimtbrustmotmot, der mit einer Länge von bis zu 45 Zentimetern zu den größten Vögeln seiner Familie zählt, kommt von Honduras bis nach Nordbolivien vor. Diese wunderschönen Vögel, die vor allem die Feuchtwälder höherer Lagen bevölkern, sind meist einzeln oder paarweise anzutreffen, aber häufiger als andere Sägeracken auch in kleinen Gruppen. Ihre Nahrung ist vielseitig: Sie reißen im Flug Früchte von den Bäumen und suchen am Boden nach Insekten, Spinnen, Krebsen, kleinen Fröschen und Eidechsen. Gelegentlich fressen sie auch Pfeilgiftfrösche oder fangen kleine Fische im Wasser.

Zimtbrustmotmots singen üblicherweise am frühen Morgen, oft von einem Ansitz hoch oben in der Baumkrone aus. Ihre Lautäußerungen bestehen hauptsächlich aus Abfolgen eulenartiger Rufe und klingen wie *hoop hoop huhuhuhuhu* oder *ho-hoo-hoo* oder *hoot hoot hoot*, kürzere Rufe klingen wie *HOOtoo* oder *hoorro*. Für aufgeregte Zimtbrustmotmots ist ein harsches Schnattern typisch.

RIESENTUKAN
– *Ramphastos toco* –

Der übliche Ruf des Riesentukans,
ein wiederholtes *groomkk*.

Der Riesentukan gehört mit seinem schwarz-weißen Körper und dem gewaltigen gelb-orangen Schnabel zu den auffallendsten Vertretern seiner Familie und ist mit einer Länge von 56 bis 62 Zentimetern außerdem der größte. Im Gegensatz zu anderen Tukanen trifft man ihn auf offenem Gelände mit vereinzelten Bäumen und nicht etwa in Wäldern an. Seine bevorzugten Lebensräume sind Savannen, Palmenhaine, Plantagen und Obstgärten, gelegentlich auch Flughäfen oder Vorstadtgärten. Dort hält er sich meist auf hohen Bäumen auf und sucht nach Nahrung, singt oder knüpft Kontakte – auch wenn er als weniger gesellig gilt als andere Tukane. Riesentukane naschen liebend gern Baumfrüchte, die sie mit ihrem riesigen Schnabel packen, abreißen und mundgerecht zerkleinern. Sie fressen aber auch Insekten und wurden ferner schon dabei beobachtet, wie sie Vogelbabys aus Nestern raubten und Vogelspinnen von Bäumen schnappten.

Die Lautäußerungen des Riesentukans beinhalten oft eine oft längere Abfolge von *groomkk*-Rufen sowie ein tiefes, schnarchendes *rrrraa, rrro-rrro*. Außerdem gehören krächzende Schreie und ein murmelndes, sanftes *te, te, te* … zu seinem Lautrepertoire. Mit dem Schnabel erzeugt er rasselnde oder klappernde Geräusche.

HALSBANDARASSARI

– Pteroglossus torquatus –

Ein gellendes *pseet*, der Stimmfühlungslaut
eines Halsbandarassari auf Futtersuche.

Die Tukan-Gattung der Schwarzarassaris zählt zwölf farbenprächtige Mitglieder
mit leuchtend bunten Schnäbeln und langen, stufigen Schwänzen. Bei allen
Arten ist das Gefieder an der Unterseite gelb, rot, schwarz oder zeigt eine
Kombination dieser Farben. In ihrem Verbreitungsgebiet von Mexiko bis
Paraguay bevorzugen sie waldiges Flachland. Der in Kolumbien, Venezuela und
nördlich bis nach Mittelamerika heimische Halsbandarassari bewohnt feuchte
Wälder und Waldränder und ist meist in Paaren oder kleinen, lautstarken
Gruppen von fünf bis 15 Individuen anzutreffen. Am einfachsten zu beobachten
sind diese Tukane bei der Nahrungssuche oder beim Spielen in den Baumkronen,
wo sie von Ast zu Ast hüpfen oder einander im Gänsemarsch von einem Baum
zum nächsten folgen. Halsbandarassaris ernähren sich von Früchten wie Feigen,
Papayas, Guaven und Palmfrüchten, die sie manchmal von Baumplantagen
stibitzen, sowie von Insekten, Eidechsen, Vogeleiern und Nestlingen.

Als charakteristischste Lautäußerung des Halsbandarassaris gilt ein hohes,
schrilles *pseeet* oder *tseeep*, das er oft schnell und stakkatoartig wiederholt.
Häufiger zu hören sind auch klappernde oder schnurrende Laute. Aggressive,
erregte Vögel geben einen *arghrr*-Laut von sich, ein Warnruf klingt wie *pit*.

SCHWARZKEHL-BÜRZELSTELZER

– Pteroptochos tarnii –

Das unverwechselbare *huet-huet*
des Schwarzkehl-Bürzelstelzers.

Der Schwarzkehl-Bürzelstelzer bewohnt die Wälder Südchiles sowie der angrenzenden Teile Argentiniens und lebt dort vor allem am Boden. Er gehört zur Familie der Bürzelstelzer, kleine bis mittelgroße, meist dunkel gefärbte Vögel, von denen viele in den Anden heimisch sind. Aufgrund ihres dunklen Gefieders und ihrer scheuen Lebensweise nehmen die Einheimischen kaum von ihnen Notiz. Ihrer Scheuheit entsprechend halten sich Schwarzkehl-Bürzelstelzer vor allem in dichter Vegetation auf. Bei der Nahrungssuche tippeln sie langsam über den Waldboden, picken im Falllaub herum, drehen Reisig und Blätter um und scharren den Boden auf. Sie fressen hauptsächlich Insekten, aber auch bestimmte Samen und Beeren.

Der Gesang des Schwarzkehl-Bürzelstelzers besteht aus dumpfen *whoo*-Lauten, die er sechs bis acht Sekunden lang immer wiederholt. Eine andere längere Lautäußerung sind in der Tonhöhe abfallende Rufe, die wie *wok-wok-wok-wok-wok-wok-wu* klingen. Im Englischen und anderen Sprachen ist der typische *huet-huet*-Ruf dieses Vogels Teil seines Namens. Diesen Ruf gibt er meist paarweise, aber auch in Dreier- oder Vierergruppen von sich.

ROSTSTIRN-ERDHACKER

– Tarphonomus certhioides –

Der Gesang eines männlichen Roststirn-Erdhackers.

Die artenreiche Familie der kleinen bis mittelgroßen, braun, rostbraun oder grau gefärbten Töpfervögel ist in Mittel- und Südamerika heimisch. Das Verbreitungsgebiet des Rotstirn-Erdhackers beschränkt sich dabei auf die Trockenwälder und Dornbuschsavannen des Gran Chaco, der Teile von Paraguay, Bolivien sowie Argentinien umfasst. Er ernährt sich hauptsächlich von Insekten, die er am Boden oder im unteren Bereich von Bäumen sowie in Sträuchern findet.

Der Gesang des Rotstirn-Erdhackers besteht aus einer Folge von lauten, piepsenden Lauten, die wie *cheee* oder *chiqui* klingen und oft in der Tonhöhe leicht abfallen: *cheee-cheee-cheee-cheee-cheew.*

SCHUPPENBRUST-UFERWIPPER

– Cinclodes excelsior –

Der häufigste Ruf des Schuppenbrust-Uferwippers
ist ein nasales *keeu*.

Die Gattung der Uferwipper (Wippschwänze) verdankt ihren Namen den für sie typisch wippenden Schwanzbewegungen und gehört zur großen Familie der Töpfervögel, die in Mittel- und Südamerika heimisch sind. Der Schuppenbrust-Uferwipper kommt nur in den Anden Ecuadors und Kolumbiens vor, wo er Gras- und Buschland in sehr hohen Lagen bevorzugt und sich meist in der Nähe von Wasser aufhält. Diese untersetzten Vögel suchen am Boden nach Insekten, Spinnen, Samen und manchmal auch kleinen Fröschen. Meistens leben sie einzeln oder in Paaren.

Der Gesang des männlichen Schuppenbrust-Uferwippers gleicht einem ansteigenden trillernden *tr-r-r-r-r-r-reeet!* Er trägt ihn oft von einem exponierten Ansitz vor und begleitet ihn mit Flügelschlag. Zu seinen kurzen Rufen gehören ein scharfes, nasales *keeu* oder *druut*.

MATO-GROSSO-AMEISENFÄNGER

– *Cercomacra melanaria* –

Der typische Reviergesang des Mato-Grosso-Ameisenfängers.

Der kleine Matto-Grosso-Ameisenfänger mit seinem dunklen, stellenweise weiß gefleckten Federkleid hüpft und flattert durch das schattige Dickicht vieler Wälder in Bolivien, im Südwesten Brasiliens und im Norden Paraguays. Er ist dort vor allem in der Nähe von Wasser recht häufig anzutreffen. Seine Familie der Ameisenvögel ist in den Tropen und Subtropen Amerikas beheimatet und so benannt, weil sie oft Wanderameisen auf Raubzug folgen und die vor den Ameisen fliehenden Kleintiere jagen. Der Mato-Grosso-Ameisenfänger kommt aber offenbar nicht auf diese Art zu seiner Nahrung, sondern bewegt sich paarweise oder in kleinen Familienverbänden durch das Dickicht, wo er am Boden oder in dessen Nähe nach versteckten Insekten und Spinnen sucht. Die Färbung der Männchen ist schwarz mit weißen Flecken, die der Weibchen grau.

Da die Mato-Grosso-Ameisenfänger in der Regel nicht gerade leise sind, bekommen Besucher und Einwohner ihrer Heimat ihn oft zu hören. Seine kehligen oder summenden *ker-cheeeer-chk*, *ker-cheeee-chuk*, *ker-cheeeer*-Gesänge trägt er eher langsam und bedächtig vor. Männchen und Weibchen singen gleichermaßen, wobei sich feste Partner nicht selten im Duett abwechseln. Die Tonhöhe des Weibchens liegt dabei ein wenig über der des Männchens.

EINLAPPENKOTINGA

– Procnias albus –

Der Gesang eines Einlappenkotingas, lauter als ein Presslufthammer.

Der mittelgroße, schneeweiße Einlappenkotinga, auch Weißglöckner oder Zapfenglöckner genannt, ist im nordöstlichen Südamerika heimisch. Seine Namen beziehen sich auf verschiedene Eigenschaften dieser Vogelart: Der ohrenbetäubende Balzgesang des schneeweißen Männchens klingt glockenähnlich, und von seinem Schnabel hängt ein langer, fleischiger Lappen herunter, der beim Rufen von einer Seite zur anderen schwingt und dem olivgrün gefärbten Weibchen fehlt. Einlappenkotingas halten sich bevorzugt hoch oben in den Baumkronen der Tropenwälder auf. Sie gehören zur Familie der Schmuckvögel, die in den Tropen und Subtropen Süd- und Mittelamerikas verbreitet sind und deren Nahrung vor allem aus Obst besteht. Der Einlappenkotinga frisst ausschließlich Früchte, was bei Vögeln nur selten vorkommt. Mit seinem breiten Schnabel kann er selbst große Früchte in einem Stück verzehren.

In der Gattung der Glockenvögel klingen nur die Rufe des Einlappenkotingas wie eine laute Glocke. Sein Balzruf ist über große Entfernungen zu hören und klingt wie ein ohrenbetäubendes, schroffes *ding-ding!* oder *kong-kay!* Zu seinen weiteren häufigen Lautäußerungen gehört ein lang gezogenes, musikalisches *doi-i-i-i-ing* oder *doing doing*.

AMAZONIEN-POMPADOURKOTINGA

– Xipholena punicea –

Der Ruf männlicher und weiblicher Amazonien-Pompadourkotingas.

Wie ihr Name schon sagt, gehören die in den Tropen und Subtropen Süd- und Mittelamerikas verbreiteten Schmuckvögel zu den auffälligsten Tieren dieser Region. Der Amazonien-Pompadourkotinga bildet da keine Ausnahme: Das Gefieder der Männchen ist leuchtend violett oder purpurrot, die Flügelpartien sind weiß, sodass man ihn in den grünen Baumkronen des Amazonas-Regenwaldes gut ausmachen kann. Die meist rußgraue Farbe der Weibchen fällt deutlich weniger auf. Die Art bevorzugt dichte Baumkronen, kommt aber auch in weniger dichten Wäldern vor. Sie ernährt sich von Früchten, insbesondere von Palmen und Feigenbäumen, sowie von einigen Insektenarten.

Über die nur wenig untersuchten Lautäußerungen der Amazonien-Pompadourkotingas ist bekannt, dass die Männchen ein lautes, krächzendes, mechanisches Rasseln von sich geben, Beobachter berichten auch von Kreischlauten. Für beide Geschlechter typisch ist ein lautes *purp*.

TIEFLAND-FELSENHAHN

– Rupicola rupicola –

Balzrufe mehrerer männlicher Tiefland-Felsenhähne im Amazonasgebiet.

Mit ihrem orangen Federkleid und dem fächerförmigen Schopf gehören die Männchen der mittelgroßen Tiefland-Felsenhähne zu den Stars des südamerikanischen Regenwaldes. In der Balzzeit warten sie in Gruppen von drei bis über 50 Tieren in der Nähe von Felsen auf paarungswillige Weibchen. Die meist über Jahre oder sogar Jahrzehnte genutzten Balzplätze heißen im Fachjargon »Leks«. Nachdem ein dunkelbraun gefärbtes Weibchen sich mit einem Männchen gepaart hat, fliegt es fort und nistet allein. Dieser Vogel kommt nur im nördlichen Südamerika vor und ist auch als Guyana- und Cayenne-Klippenvogel sowie als Orangefarbener Felsenhahn bekannt. Er ernährt sich von Früchten und Insekten.

Kennzeichnend für das aggressive Imponiergehabe gegenüber rivalisierenden Männchen sind laute Rufe, von denen einer wie *ka-krrow!* klingt. Auf Nahrungssuche geben Tiefland-Felsenhähne immer wieder ein unverwechselbares *waa-oow* von sich.

HELMPIPRA
– Antilophia galeata –

Der musikalische Gesang eines Helmpipras.

Der prächtige Helmpipra mit seiner markanten Haube ist in Zentralbrasilien und in angrenzenden Teilen Boliviens und Paraguays heimisch. Er lebt meist in schwer zugänglichen Lebensräumen wie Sumpfwäldern oder Wäldern in Gewässernähe mit dichter, niedriger Vegetation. Er gehört zur Familie der Pipras oder Manakins, die im Deutschen, einer typischen Lautäußerung folgend, meist als Schnurrvögel bezeichnet wird. Diese kleinen und untersetzten Vögel mit meist leuchtenden Farben bewohnen die tropischen Wälder Mittel- und Südamerikas. Bei den männlichen Helmpipras heben sich Stirn, Haube, Scheitel und Rücken leuchtend rot von einem ansonsten tiefschwarzen Körper ab. Die Weibchen sind durchgehend olivfarben und haben kleinere Kämme. Diese Vogelart ernährt sich von Früchten und Insekten, die die Tiere meist im Flug von Bäumen zupfen oder in der Luft fangen.

Helmpipras bekommt man erheblich häufiger zu Gehör als zu Gesicht. Der unvergleichliche Gesang der Männchen ist sehr melodiös und besteht aus einer Tonabfolge, die wie *whih-dip, whih-deh-deh-dehdidip* klingt. Zu den Rufen, die beide Geschlechtern oft von sich geben, gehört ein kehliges *wreee pur*, dessen erster Teil in der Tonhöhe ansteigt.

STARKSCHNABEL-MASKENTYRANN

– Megarynchus pitangua –

Das laute Schnattern eines Starkschnabel-Maskentyranns
auf Nahrungssuche.

Der Starkschnabel-Maskentyrann gehört zur Vogelfamilie der Tyrannen, die in Südamerika beheimatet ist und aus der er durch seinen großen und breiten Schnabel heraussticht. In seinem Verbreitungsgebiet von Mexiko bis nach Südbrasilien trifft man ihn nicht sehr häufig an, doch geübte Vogelbeobachter wissen, wo sie nach ihm suchen müssen. Starkschnabel-Maskentyrannen halten von Ansitzen aus Ausschau nach Beute. Wenn sie eine Zikade oder ein anderes großes Insekt entdecken, schießen sie aus dem Laub hervor und schnappen es sich. Diese Vögel leben meist paarweise oder in kleinen Gruppen, vor allem an Waldrändern und auf Lichtungen mit vereinzelten Bäumen.

Die Lautäußerungen der Starkschnabel-Maskentyrannen sind laut und kratzend. Zu ihren typischen, schroffen Rufen gehören ein schepperndes *keerrrrr-eek*, ein nasales *eehr, eehr ki-di-rrik* und ein Ruf, der wie *quee-zika quee-zika* klingt.

YETAPATYRANN

— *Gubernetes yetapa* —

Der Balzgesang des männlichen Yetapatyrannen.

Der Yetapatyrann ist in Argentinien, Bolivien, Brasilien und Paraguay heimisch und gehört zu den sehenswertesten Tyrannen. Er bevorzugt die Nähe von Wasser und wird deshalb häufig in Sümpfen, an Bächen oder in Feuchtwiesen auf Büschen oder niedrigen Bäumen gesichtet. Von seinem Ansitz aus jagt er Insekten in der Luft, wobei er oft in niedriger Höhe über Wasser oder Sumpfvegetation fliegt. Beide Geschlechter haben lange, tief gegabelte Schwänze, die beim Weibchen etwas kürzer sind.

Auch die Balz der Yetapatyrannen ist sehenswert: Das Männchen oder Weibchen hockt über dem Partner, schlägt mit den Flügeln und pfeift aufgeregt mehrmals hintereinander *tewear-TEE-tear*, der Partner antwortet mit einem geträllerten *tea-whittle, tea-whittle*. Zu den weiteren Rufen gehören ein lautes, raues *whee-irt!, weert!* oder *shrewip!*, das der Vogel manchmal auch wiederholt, sowie ein abfallendes *ju-ju-ju*.

KAPPENBLAURABE
– Cyanocorax chrysops –

Einer der häufigen Rufe dieser lautstarken Vogelart.

Das Verbreitungsgebiet des schlank wirkenden Kappenblauraben reicht von Zentralbrasilien im Norden bis nach Nordargentinien im Süden. Mit seinem violettblauen, schwarzen und cremeweißen Gefieder und seiner Haube aus steifen, plüschigen Federn, die einem »Kissen« gleich auf seinem Kopf liegt, ist er kaum zu verwechseln. Er lebt normalerweise in Gruppen von bis zu zehn oder zwölf Individuen, die gemeinsam auf Blättern und Ästen nach Nahrung suchen und dabei viel Lärm machen. Sie hüpfen in den Bäumen auf und ab, gelegentlich auch über den Boden, und fressen Insekten, Spinnen, Früchte, Beeren sowie die Eier und Nestlinge kleiner Vögel. Diese stattlichen Rabenvögel suchen hin und wieder auch Obstgärten, Plantagen und andere landwirtschaftliche Flächen auf und sind frech genug, um Essensreste vom Tisch zu stibitzen.

Wie andere Rabenvögel gibt auch der Kappenblaurabe eine breite Palette von lauten, unmelodischen Rufen von sich. Der häufigste klingt wie *cho-cho-cho*. Ebenfalls häufig sind auch ein klingelndes *iyok-iyok-iyok*, ein metallisches *kuh-kuhkuh* sowie Krächzer und gurgelnde Laute. Diese Vögel gelten als gute Imitatoren, denn sie ahmen die Rufe anderer Vögel und sogar die einheimischer Säugetiere wie Affen nach.

DROSSELZAUNKÖNIG

– Campylorhynchus turdinus –

Der typische blubbernde Gesang des Drosselzaunkönigs.

Dieser langschwänzige Zaunkönig versteckt sich gern in den dichten Baumkronen der feuchten Wälder vom südlichen Kolumbien bis Bolivien und Südbrasilien, sucht aber auch Waldränder, Gärten und Parkanlagen auf. Vogelkundler erkennen ihn meist an seinem einmaligen Gesang. Der Name »Drosselzaunkönig« dürfte daher rühren, dass er in etwa die Größe einer Drossel hat und nicht wie die anderen Zaunkönige deutlich kleiner ist. Er lebt gewöhnlich paarweise oder in kleinen Gruppen von bis zu acht Tieren, die in lianenumrankten Bäumen nach Insekten und anderer Nahrung suchen. Die Farbe des Gefieders hängt bei diesem Zaunkönig von der Region ab, in der er lebt: Im Amazonasbecken ist er braun gefleckt, im riesigen Feuchtgebiet des Pantanal in Südbrasilien grau und weiß ohne Flecken.

Die Drosselzaunkönige singen laute, komplexe Duette, oft tief im Laub der Bäume verborgen. Ihre Gesänge beinhalten meist die Sequenzen *chooka-chook-chook, choh-do-do-chit* und *chookadadoh-choh-choh,* die sie nicht selten mehrmals wiederholen. Ihre oft sonoren Gesänge sind weithin zu hören. Zu den weiteren Lautäußerungen gehört ein leicht ansteigendes *yok-glok-glok-glok.*

SCHIEFERKOPFVIREO

– Vireolanius leucotis –

Der Gesang dieses Vogels besteht aus einem oft wiederholten *tyeer*.

Die meisten Vireos sind unscheinbar gefärbt und flattern auf der Suche nach Insekten durch die Baumkronen der Wälder des amerikanischen Doppelkontinents. Der Schieferkopfvireo weicht von dieser Beschreibung nur durch seinen auffällig grau und golden gemusterten Kopf ab. Er ist im nördlichen und zentralen Südamerika heimisch und hält sich bevorzugt in den Baumkronen der feuchter Wälder auf, sodass man ihn vom Boden aus kaum entdecken kann. Beobachter sichten diesen Vogel meist allein oder paarweise. Zur Futtersuche schließen sich Schieferkopfvireos jedoch für gewöhnlich gemischten Schwärmen an, vor allem solchen mit Tangaren.

Wie andere Mitglieder seiner Familie ist auch der Schieferkopfvireo sehr ausdauernd bei seinem Gesang, den man als monoton bezeichnen könnte. Er besteht aus einem ständig wiederholten, weithin hörbaren *tyeer*, das er etwa einmal pro Sekunde und oft über lange Zeiträume von sich gibt.

PAPAGEITANGARE

– Chlorornis riefferii –

Das ständig wiederholte *enk* einer Papageitangare.

Die Singvogelfamilie der kleinen bis mittelgroßen Tangaren ist in Mexiko, Mittel- und Südamerika heimisch und für ihre bunte Färbung bekannt. Die Papageitangare hat leuchtend grüne Federn, einen scharlachroten Schnabel und lachsrote Beine. Sie bewohnt die mittleren Höhenlagen der Bergwälder in den Anden von Kolumbien bis Bolivien. Vogelfreunde können sie problemlos studieren, denn sie flüchtet nicht vor ihnen in die Baumkronen. Papageitangare leben in kleinen Gruppen von drei bis acht Tieren; sie fressen Insekten, Früchte, Beeren und ab und zu auch einen Wurm.

Der häufigste Ruf der Papageitangare klingt wie ein schroffes, nasales *enk-* oder *eck*. Nicht selten wiederholt sie ihn schnell hintereinander, was an ein Rasseln erinnert. Der Gesang dieser Vögel, der meist um die Morgendämmerung erklingt, beginnt mit ein bis zwei *enks*, gefolgt von einer Reihe rauer, kreischender Laute.

ROHRSPOTTER

– Donacobius atricapilla –

Das Gesangsduett eines Rohrspotterpaars.

Ornithologen waren sich beim Rohrspotter lange nicht sicher, wie genau sie ihn einordnen sollen. Aufgrund seiner Größe, des langen Schwanzes, der kräftigen Beine und seiner Kontaktfreudigkeit galt er lange als Spottdrosselart. Nach sorgfältigen Untersuchungen hielten ihn die meisten Ornithologen seit den Achtziger- oder Neunzigerjahren jedoch für eine Zaunkönigart. Seit einigen Jahren wird er als einziger Vertreter der Familie *Donacobidae* geführt. Dieser schlanke Singvogel mit der schwarzen Kappe, braunen Oberseite und orangegelben Unterseite ist in weiten Teilen des nördlichen und zentralen Südamerikas heimisch. Er bewohnt Sümpfe, Marschen und Feuchtwiesen in der Nähe von Seen und langsamen Flüssen und ist meist paarweise oder in kleinen Familiengruppen auf hohen Gräsern sitzend anzutreffen. Der Rohrspotter ernährt sich von Insekten und anderen kleinen wirbellosen Tieren.

Die stimmgewaltigen Rohrspotter sind für ihre Duette bekannt: Der eine Vogel singt *chrrr*, der andere antwortet mit *kweea*. Die Paare sitzen dabei nahe beieinander auf Sumpfgräsern, wippen mit dem Kopf und wedeln mit dem Schwanz. Die Rohrspotter rufen auch *quoit-quoit-quoit, who-it who-it who-it* oder *jeeeyaa*.

SIEBENFARBENTANGARE

– Tangara chilensis –

Der typische Gesang der atemberaubenden Siebenfarbentangare.

Obwohl ihr wissenschaftlicher Name *Tangara chilensis* dies vermuten lässt, kommt die kleine Siebenfarben- oder Paradiestangare gar nicht in Chile vor, sondern bewohnt die Amazonas-Regenwälder von Kolumbien und Venezuela im Norden bis nach Brasilien und Bolivien im Süden. Dort versteckt sie sich meist in mittelhohen bis hohen Baumkronen. Vogelfreunde erkennen sie an ihrem leuchtend apfelgrünen Kopf, ihren schuppenartigen Kopffedern und ihrer Farbgebung: In manchen Regionen sind sowohl der untere Rücken als auch der Bürzel leuchtend rot, in anderen Gegenden ist der Bürzel leuchtend gelb-orange. Siebenfarbentangaren ernähren sich von Früchten und Insekten. In Gruppen von fünf bis zehn Tieren, manchmal auch zusammen mit anderen Tangarenarten in gemischten Schwärmen, suchen sie die Baumkronen danach ab.

Zu den häufigen Rufen der Siebenfarbentangare gehört ein hoher Pfeifton, der wie *sizit* oder *tsilip* klingt und den sie oft im schnellen Wechsel mit *chip* von sich gibt: *tsilip chip chip*. Ihr Gesang besteht offenbar aus einer Kombination von *chak* und *zeee*: *chak zeee, chak zee-a-zee* oder *zeee-chak-chak-chak*.

PARASTIRNVOGEL

– Psarocolius bifasciatus –

Der hervorberstende, gurgelnde Gesang
eines männlichen Parastirnvogels.

Im Amazonasbecken treffen Vogelfreunde fast immer auf Stirnvögel. Aufgrund ihrer Größe und auffälligen Färbung sind sie in den Baumkronen leicht auszumachen. Außerdem fliegen sie meist in kleinen Schwärmen. Der männliche Parastirnvogel gehört mit einer Länge von bis zu 52 Zentimetern zu den größten Stirnvögeln, die Unterart der Amazonas-Olivstirnvögel (*Psarocolius bifasciatus yuracares*) mit ihrem olivgrünen und kastanienbraunen Gefieder, dem rosafarbenen nackten Hautfleck im Gesicht und dem gelben Schwanz zu den schönsten. Diesen Vogel trifft man in Wäldern und an Waldrändern an, wo er nach Insekten, anderen kleinen Tieren und auch Früchten sucht. Das Verbreitungsgebiet reicht von Kolumbien und Venezuela bis nach Zentralbrasilien. Parastirnvögel brüten in kleinen Kolonien von bis zu 15 Paaren in korbartigen Nestern, die an Ästen weit oben in Bäumen hängen.

Die Balzgesänge der Parastirnvögel sind laut und gurgelnd – sie beginnen mit knatternden oder kratzenden Lauten und enden oft abrupt: *cc-rr-rr-rr-rr-whh-heeeeeooooooppp, tek-tek-ek-ek-ek-ek-oo-guhloop!* oder *psooEE-OH, o, o, o, o, o, o, o*. Ihr häufigster Ruf klingt wie *chak*, von fliegenden Tieren hört man immer wieder ein *dwot*.

WEISSFLÜGELTRUPIAL

– Icterus icterus –

Der Reviergesang eines Weißflügeltrupialmännchens.

Der orange-schwarz-weiß gefärbte Weißflügeltrupial gehört zur Familie der Stärlinge, die nur in der Neuen Welt heimisch ist. Er bewohnt trockene, spärlich bewaldete und halboffene, savannenartige Lebensräume im nördlichen Südamerika, kommt aber auch in Wäldern vor. Außerdem findet man ihn in Teilen der Karibik, wo er vermutlich von Menschen eingeführt wurde. Weißflügeltrupiale ernähren sich von Insekten und Obst. Sie suchen meist in Paaren oder kleinen Familiengruppen in Bäumen oder niedrigen Sträuchern nach Nahrung. Manchmal springen sie auch auf den Boden hinunter, um Fallobst aufzusammeln. Diese Vogelart gilt als Nationalvogel Venezuelas.

Von den Männchen hört man hauptsächlich den typischen, ständig wiederholten Gesang, der vermutlich der Markierung seines Reviers dient. Er besteht aus lauten, gepfiffenen, melodischen Rufen – *cheer-to, tee-oo* oder *tree-trur* –, die dieser Singvogel langsam bis zu zehnmal wiederholt, bevor er zu einem anderen Ton wechselt. Der Gesang wurde auch schon als *troup, troup, troup* oder *troup-ial, troup-ial, troup-ial* beschrieben. Wegen seiner fröhlichen Melodien ist der Weißflügeltrupial in seiner Heimat als Käfigvogel beliebt.

GRAUKARDINAL

– Paroaria coronata –

Ein Ausschnitt aus dem melodiösen Gesang
des Graukardinals.

Der Graukardinal ist als saisonaler Schwarmvogel in Südostbrasilien, Nordargentinien, Paraguay und Südostbolivien je nach Gegend häufig in freier Wildbahn anzutreffen. Da er lichte Wälder und offeneres, buschiges Gelände bevorzugt, auf dem Boden nach Nahrung sucht und dazu eine markante, rote Haube hat, fällt seine Beobachtung nicht schwer. In der Brutzeit halten sich Graukardinäle meist in Paaren oder kleinen Trupps in der Nähe von Flüssen oder anderen Wasserquellen auf. Außerhalb der Brutzeit bilden sie oft große Schwärme und fressen hauptsächlich Samen und Körner. Männchen und Weibchen sehen sich ähnlich, aber die rote Färbung von Gesicht, Haube und Kehle ist bei den Männchen normalerweise heller als bei den Weibchen.

Der komplexe und melodische Gesang des Graukardinals besteht aus kurzen, unterschiedlichen Einzelpfiffen, die er in einem bedächtigen Tempo artikuliert. Beobachter haben ihn als *tau-tau-duh-tau-diuh*, *weerit*, *curit*, *weer*, *churit* und *silewp-jewp, silewp-jewp* beschrieben. Zu ihren kurzen Rufen gehören auch ein sanftes *wit* und ein schrofferes *chirip*. Wegen ihres schönen Gesangs sind Graukardinäle in ihrer Heimat als Käfigvögel beliebt und in einigen Gebieten selten geworden.

EUROPA

Die vielen passionierten Vogelkundler in Europa freuen sich über die große Artenvielfalt auf unserem Kontinent. Europäische Ornithologen prägten die Vogelkunde und insbesondere die Namensgebung der Vögel lange Zeit. So ist das wissenschaftliche System zur Benennung von Tieren, das der Schwede Carl von Linné im 18. Jahrhundert einführte, bis heute in Gebrauch. Als die Europäer zuvor unbekannte Teile der Welt erforschten und kolonisierten, gaben sie auch den dortigen Vogelarten Namen, die in vielen Fällen noch heute gelten und nicht selten auf europäische Vögel Bezug nehmen.

Die Anzahl einheimischer Vogelarten beträgt in der europäischen Region, zu der in der Vogelkunde oft auch Nordafrika und Teile des Nahen Ostens gerechnet werden, rund 720. Zu den artenreichsten europäischen Vogelfamilien gehören die Entenvögel mit Enten, Gänsen und Schwänen, die Fasanenartigen, zu denen neben dem Fasan auch das Rebhuhn, das Auerhuhn und weitere Vögel zählen, sowie Lerchen, Stelzen und Pieper, Grasmückenartige und Finken. Auch eine ganze Reihe von Vögeln, die wir hier womöglich nicht erwarten würden, sind in Europa heimisch. Dazu gehören zwei Kranich- und zwei Flamingoarten sowie mehrere Arten von Trappen, großen bodenlebenden Vögeln, die offene Graslandschaften bevorzugen. Erwähnung unter den Vögeln auf unserem Kontinent verdienen außerdem der Wiedehopf, der mit seiner langen, aufrichtbaren Federhaube nicht nur Besucher aus Übersee zu beeindrucken vermag, und die Blauracke, der einzige europäische Vertreter der wunderschön gefärbten Racken, die sonst in Asien, Afrika und im Pazifik heimisch sind.

ROSAFLAMINGO

– Phoenicopterus roseus –

Die nasalen Rufe von Rosaflamingos im Flug.

Vogelfreunde erkennen Flamingos sofort an ihrer aufrechten Haltung und der rosa Färbung. Der Rosaflamingo, die größte der fünf Flamingoarten, kommt in Europa vor allem im Süden, unter anderem in Südspanien und Südfrankreich vor und wird meist einfach »Flamingo« genannt. In Deutschland ist er inzwischen im Naturschutzgebiet Zwillbrocker Venn an der Grenze zu den Niederlanden heimisch. Er wird durchschnittlich 120 bis 140 Zentimeter groß und hält sich vor allem in salzigen Meereslagunen oder alkalischen Binnenseen auf. Flamingos filtern ihre Nahrung aus dem Wasser: Sie tauchen den Kopf unter, sodass der Schnabel mit der Spitze nach oben auf dem Boden liegt, saugen Wasser und Schlamm an, drücken das Gemisch durch die kammartigen Filter ihres Schnabels und fressen die winzigen wirbellosen Organismen, die darin hängen bleiben. Auch Muscheln, Krebse, Insekten, Würmer und Samen sowie verrottende Blätter gehören zur Nahrung der Rosaflamingos. Als gesellige Tiere fressen und brüten sie in großen Gruppen.

Die Rufe der Rosaflamingos sind sehr laut und erinnern oft an die von Gänsen. Ihre Bandbreite reicht von Gackern über Trompeten und tiefes Grunzen bis zu Knurren. Man nimmt an, dass einige dieser Rufe dem Zusammenhalten der Schwärme dienen. Wenn ein Schwarm frisst, geben die Vögel leise, tiefe »schnatternde« Laute von sich, im Flug dagegen nasale, trompetende.

ZWERGTRAPPE

— Tetrax tetrax —

Das Zwergtrappenmännchen stößt diesen rasselnden Ruf
während des Balzrituals aus.

Trappen, auch Trappgänse genannt, sind eine Familie kleiner bis sehr großer
Vögel mit langen Hälsen und Beinen. Die meisten Mitglieder leben in Asien
und Afrika, doch zwei Arten kommen auch in Europa vor. Die fasanengroße
Zwergtrappe bewohnt in Spanien, Portugal, Südfrankreich und Sardinien
flaches, offenes Grasland und landwirtschaftliche Nutzflächen wie Weiden
und Getreidefelder. Diese neugierigen Vögel sind auch außerhalb der Brutzeit
sehr aktiv und suchen meist in kleinen Gruppen nach Nahrung wie Blättern,
Trieben, Samen und Blüten sowie Insekten und anderen kleinen wirbellosen
Tieren. In der Balzzeit hat der Hahn einen schwarzen Hals mit zwei weißen
Streifen, sonst ist die Oberseite wie bei der Henne das ganze Jahr über
sandfarben, die Brust dagegen weiß.

Zwergtrappen sind eher ruhige Tiere und werden vor allem beim Brüten
lauter. Der häufigste Ruf gehört zum Balzritual des Männchens: Es stampft
mit den Füßen auf den Boden, macht manchmal einen kurzen Luftsprung und
gibt alle paar Sekunden ein leises, schnaubendes Geräusch von sich. Sowohl
am Boden als auch im Flug stoßen die Männchen außerdem ein pfeifendes
sisisisi aus und schlagen dazu mit den Flügeln. Die Weibchen gackern oder
glucksen, wenn sie gestört werden.

SAATGANS

– Anser fabalis –

Das vertraute Trompeten der Saatgans.

Die Saatgans, auch Rietgans genannt, ist in Teilen Mittel- und Nordeuropas ein seltener Wintergast. Sie verbringt die kalte Jahreszeit hier in oft großen Kolonien in Marschen und auf offenen Ackerflächen, wo sie sich von Ernteresten wie Bohnen, Mais und Kartoffeln ernährt. Die Saatgänse brüten in der Tundra und Taiga arktischer und subarktischer Breitengrade Skandinaviens und Nordasiens, meist in der Nähe von Seen, Flüssen oder Sümpfen und fressen dort Wildgräser, Kräuter und Beeren. Wie andere Gänse bleibt die Saatgans ein Leben lang mit ihrem Partner zusammen.

Obwohl ihre Lautäußerungen ein wichtiger Bestandteil des Sozialverhaltens der Gänse sind, ist die Stimme dieser Art nicht sehr gut bekannt. Sie gibt viele unterschiedliche Rufe von sich, der häufigste klingt wie ein lautes, nasales *ung-unk* oder *yak-ak-ak*.

AUERHUHN

– Tetrao urogallus –

Ein balzender Auerhahn im schottischen Hochland.

Das Auerhuhn ist der größte Hühnervogel Europas und gehört zur Unterfamilie der Raufußhühner, die nur auf der nördlichen Hemisphäre vorkommt. Sein Verbreitungsgebiet reicht von Nord- und Mitteleuropa bis nach Zentralsibirien. Insbesondere in Mitteleuropa ist es aufgrund der Zerstörung seines Lebensraums sowie Überjagung selten geworden und nur noch in den Gebirgsregionen zu finden. In Schottland und anderen Gebieten, in denen es bereits ausgerottet war, wurde das Auerhuhn jedoch mit Erfolg wieder angesiedelt. Im Winter frisst es Kiefernnadeln, Blätter und Pflanzenknospen, im Sommer Beeren, Seggen und Moose.

In der Morgendämmerung geben Auerhähne lange Rufe mit klickenden, knallenden und zischenden Lauten von sich. Abends, wenn sie sich in Gruppen versammeln, kann man ihr lautes *Ko-KRERK-korohr* weithin hören.

JUNGFERNKRANICH

– Anthropoides virgo –

Das raue Warnruf-Stakkato eines Jungfernkranichpaars.

Der gemeinhin nur Kranich genannte Graue oder Eurasische Kranich brütet in weiten Teilen Europas, wo man ihn gut kennt. Weniger bekannt ist, dass noch eine andere Kranichart auf unserem Kontinent vorkommt: der Jungfernkranich. Allerdings brütet er hier relativ selten und auch nur im äußersten Südosten Europas rund um das Schwarze Meer. Sein Federkleid ist größtenteils graublau, Kopf und Hals sind schwarz. Der Jungfernkranich ist die kleinste der 15 Kranicharten, mit einer Größe von etwa einem Meter und einer Flügelspannweite von 1,65 bis 1,85 Metern für einen Vogel aber immer noch relativ groß. Die Tiere bevorzugen savannenähnliche Lebensräume und Grasland. Sie halten sich unweit von Bächen, Seen oder anderen Feuchtgebieten auf und suchen manchmal auch landwirtschaftlich genutzte Flächen auf. Diese Vögel ernähren sich am Boden von Gras- und anderen Samen, Würmern, Käfern und weiteren großen Insekten sowie Eidechsen. In ihren Winterquartieren in Afrika, Indien und China sind sie sehr gesellig und manchmal in Schwärmen von Tausenden anzutreffen.

Die Rufe der Jungfernkraniche sind in der Regel tief und rasselnd. Im Flug, besonders während des Vogelzugs, klingen einige davon wie *grro grro*. Bei der Nahrungsaufnahme oder bei Begegnungen mit anderen Kranichen geben sie tiefe, schnurrende Laute von sich, und ihre Warnrufe bestehen aus einer Folge kurzer, stakkatoartiger Laute.

RAUFUSSBUSSARD

– Buteo lagopus –

Der gellende Alarmruf eines Raufußbussards,
der sein Nest verteidigt.

Der Raufußbussard ist ein Raubvogel, der in Europa in der baumlosen skandinavischen Tundra brütet und zum Überwintern in südlichere Regionen unseres Kontinents von der Osthälfte Deutschlands bis in die Ukraine zieht. Auch in Asien und Amerika brütet diese Art im hohen Norden und überwintert weiter südlich. Sie jagt tagsüber in offenem Gelände oder auf Waldlichtungen, hin und wieder aber auch in der Dämmerung. Während andere Raubvögel ihre Beute meist im Flug erspähen, hält der Raufußbussard ruhig von einem Ansitz danach Ausschau. Seine Nahrung besteht vor allem aus kleinen Nagetieren wie Wühlmäusen, Lemmingen und Mäusen, aber er frisst auch Hasen, Eichhörnchen und gelegentlich auch kleine Vögel. Das Vorkommen von Wühlmäusen und Lemmingen schwankt von Jahr zu Jahr stark, sodass die Raufußbussarde wenn die Nahrung im Winter knapp wird, weiter nach Süden ziehen. So tauchen sie auch in Teilen Europas auf, in denen sie sonst eher selten zu sehen sind.

Die laut quietschend Stimme der Raufußbussarde ähnelt der anderer Habichtartiger. Ein vor allem von fliegenden Tieren häufig zu hörender Ruf klingt wie *keeeeeer, pee-yow* oder *miaoww*.

LANNERFALKE

– Falco biarmicus –

Der schrille Ruf eines Lannerfalken.

Der große, anmutige Lannerfalke gehört in Europa zu den seltenen Raubvögeln: Nur wenige Hundert Paare brüten in Sizilien, im übrigen Italien und auf dem Balkan. Weitverbreitet ist er dagegen besonders in Afrika, aber auch im Vorderen Orient. Falken fangen ihre Beute blitzschnell im Flug. Beim Lannerfalken sind dies vor allem Tauben und Wachteln sowie andere kleine und mittelgroße Vögel. Er jagt auch von einem Ansitz aus und frisst außerdem Nagetiere, Fledermäuse, Eidechsen und Insekten. Lannerfalken-Paare überwachen mitunter auch ein Wasserloch oder einen anderen Platz, an dem sich Wildtiere versammeln, um die Beute dann gemeinsam zusammenzutreiben. Der Lebensraum dieser Vögel ist vielfältig und reicht von Tieflandwüsten bis hin zu bewaldeten Berghängen in der Nähe offener oder leicht bewaldeter Jagdgebiete.

Lannerfalken singen vor allem während der Brutzeit. Ihr häufigster Ruf ist ein schrilles, durchdringendes *kirrr-kirrr*, *kirrr-rrreee* oder *schreeeee*. Dazu kommen heisere oder kratzende gackernde Laute. Wenn sie ihre Nester in Gefahr sehen, stoßen sie als Warnruf ein langes, ununterbrochenes schnatterndes *hek-hek-hek-hek-hek* aus.

SANDFLUGHUHN

– Pterocles orientalis –

Dieses *tchowrrr-rerr-rerr* geben die Sandflughühner
insbesondere im Flug von sich.

Aufgrund ihrer großen Ähnlichkeit mit Tauben ordneten Ornithologen die
Sandflughühner zuerst dieser Familie zu, während sie später als Raufußhühner
und damit als Fasanenartige galten. Heute bilden sie mit 15 weiteren, eng
verwandten Arten die Familie der Flughühner. Diese Vögel bevorzugen trockenes,
heißes Klima und sind hauptsächlich in Afrika und im südlichen Asien heimisch,
das Sandflughuhn in der Türkei, auf Zypern und in Teilen Westasiens sowie
Nordafrikas. Dort ist er vor allem in trockenem, flachem oder hügeligem
Grasland und Halbwüsten mit spärlicher, niedriger Vegetation anzutreffen,
in jüngster Zeit auch auf Weiden mit Büschen und Kulturland. Diese Vogelart
frisst kleine Samen und die Körner einiger Getreidearten, weshalb Bauern sie als
Ernteschädlinge betrachten. Da Flughühner in Teilen ihres Verbreitungsgebiets
bejagt werden, sind sie dort selten geworden; in Spanien gilt das Sandflughuhn
als bedrohte Art.

Die häufigste Lautäußerung des Sandflughuhns ist sein Flugruf, ein trillerndes,
rollendes *tchowrrr-rerr-rerr* oder *churrr'r're-ka*. Wenn es sich zum Flug aufschwingt,
stößt es manchmal ein hohes *chiiu* aus.

HÄHERKUCKUCK

– Clamator glandarius –

Die typische raue Stimme des männlichen Häherkuckucks.

Kuckucke bringt man in vielen Teilen der Welt mit ihren Brutgewohnheiten in Verbindung. Wie zahlreiche andere Arten lässt auch der stattliche Häherkuckuck seine Jungen von anderen Vogelarten großziehen. Die Weibchen legen ihre Eier zum Ausbrüten in Krähen- und Elsternester. Der seltene Vogel ist in Spanien, Südfrankreich, Westitalien, der Türkei, auf Zypern und in weiten Teilen Afrikas heimisch. Dort bevorzugt der Häherkuckuck savannenähnliche Lebensräume mit vereinzelten Pinien und Eichen oder auch kleinen Gruppen von Olivenbäumen. Er ernährt sich von Insekten wie Heuschrecken, Termiten, Nachtfaltern, besonders großen, behaarten Raupen und Eidechsen. Auf Nahrungssuche hüpfen Kuckucke über den Boden.

Die Stimmen der Kuckucke werden von Menschen oft als laut oder sogar schrill empfunden. Der Vogel, der aus dem Fensterchen der Kuckucksuhr hervorkommt, imitiert den Ruf der bekanntesten europäischen Art. Für den Häherkuckuck sind raue, gackernde, immer schneller werdende Rufe typisch, deren Tonhöhe allmählich abfällt: *gah-gah-gah ... gak-gak-gak ... ko-ko-ko* oder *cherr-cherr-che-che-che-che-che*. Wenn sie aufgeregt sind, stoßen die Vögel- ein kurzes, nasales *cheh* aus.

WIEDEHOPF

– Upupa epops –

Der vertraute Gesang des Wiedehopfs klingt wie *poo-poo-poo*.

Der mittelgroße Wiedehopf bevorzugt offene Landschaften und gehört zu den bekanntesten Vögeln Europas. Seine prächtige Federhaube, die er beim Landen meist kurz aufrichtet, macht ihn ebenso unverwechselbar wie sein langer, spitzer Schnabel und seine kontrastreiche Färbung. Allein oder in Paaren bewohnen Wiedehopfe Wiesen, Parkanlagen, Weiden, Weinberge, Olivenhaine und Obstgärten. Sie suchen typischerweise am Boden nach größeren Insekten, Spinnen und Tausendfüßlern sowie kleinen Fröschen, Eidechsen und Schlangen. Die Familie der Wiedehopfe umfasst nur zwei weitere rezente Arten: den Afrikanischen und den Madagaskar-Wiedehopf.

Die Stimme des Wiedehopfs ist tief, hohl und klingt wie Luft, die in eine Flasche geblasen wird: *poo-poo-poo* oder *oop-oop-oop*. Wenn er aufgeregt ist, stößt er einen lauten Ruf aus, der sich wie *schaahr* oder *scheer* anhört.

KLEINSPECHT

– Dendrocopos minor –

Das ständig wiederholte *pee-pee-pee* eines Kleinspechts.

Mit einer Länge von nur etwa 15 Zentimetern von der Schnabel- bis zur Schwanzspitze ist dieser Vogel der kleinste Specht unseres Kontinents. Er kommt in weiten Teilen Europas und Asiens vor, ist aber in vielen Gegenden selten geworden. Der scheue Kleinspecht bevorzugt lichte Wälder, Gehölze, Obstgärten und Parkanlagen. Er sucht meist auf Baumstämmen, dünneren Ästen und Zweigen nach Nahrung, vor allem Insekten. Dazu hängt er sich häufig kopfüber an einen Ast, um die versteckte Beute besser zu erreichen. Im Sommer frisst er bevorzugt Raupen, das ganze Jahr über zur Abwechslung auch Obst.

Der schrille Revierruf des Kleinspechts besteht aus einer Abfolge von *kee-*, *pee-* oder *piit*-Lauten, die gegen Ende langsamer wird: *pee-pee-pee-pee-pee-pee-pee-pee-pee*. Ein kurzer Ruf klingt wie *pik* oder *chik*.

BLAURACKE
– *Coracias garrulus* –

Die Stimme einer Blauracke auf Balzflug.

Die farbenfrohen Racken leben vor allem in Afrika und Südasien, kommen aber auch im restlichen Asien, in Europa und Australien vor. Sie sind für ihre spektakulären Flugdarbietungen bekannt: Insbesondere zur Abwehr von Eindringlingen fliegen sie senkrecht empor und dann im Sturzflug dem Boden entgegen, wobei sie sich drehen, mit den Flügeln schlagen und laute Rufe von sich geben. In Bodennähe wenden sie um 180 Grad und wiederholen das ganze Flugmanöver. Nur die unverwechselbare Blauracke mit ihrem türkisfarbenen Kopf und den gescheckten Flügeln ist in Europa heimisch: Im Mittelmeerraum von Portugal und Spanien bis in die Türkei bevorzugt sie lichte Waldbestände, Waldränder, Obstgärten und landwirtschaftlich genutzte Flächen mit vereinzelten Bäumen im trockenen Tief- oder Hügelland. Racken halten in Paaren von Ansitzen wie toten Ästen oder Stromleitungen aus nach Beute Ausschau. Sie fangen Insekten im Flug und kleine Frösche, Eidechsen, Schlangen sowie Mäuse am Boden.

Die Lautäußerungen der Racken sind rau, schrill und manchmal krächzend, sodass sie denen von Krähen ähneln. Typische rasselnde Rufe klingen wie *rak-rak-rak* oder *k-k-k-k-k-k-krak-ra*. Während ihrer Sturzflüge ziehen sie diese in die Länge: *rak-rak-rak-rak-rarrarrarrarrarr*.

KALANDERLERCHE

– Melanocorypha calandra –

Der Balzgesang eines Kalenderlerchenmännchens.

Lerchen sind typischerweise gut getarnte Bodenvögel und bewohnen offenes Gelände. Das gilt auch für die Kalanderlerche, die in Südeuropa, in Vorder- und Zentralasien sowie im nördlichen Afrika vorkommt und grasbewachsene Ebenen, Hochebenen sowie offene Ackerflächen bevorzugt. Sie sieht der Feldlerche und einigen anderen europäischen Lerchenarten ähnlich, sticht unter ihnen jedoch durch den schwarzen Fleck an der Brust heraus. Kalanderlerchen suchen einzeln oder in kleinen Schwärmen auf dem Boden nach Nahrung – im Frühjahr und Sommer Insekten, im Winter vor allem Samen.

Wie auch andere Lerchenarten tragen die Männchen ihren Gesang im Flug vor. Sie steigen steil empor, singen und kreisen manchmal für längere Zeit in größerer Höhe, bevor sie wegfliegen oder in einer Spirale zum Boden zurückfliegen. Damit versuchen sie nicht nur eine Partnerin anzulocken, sondern markieren auch ihr Revier. Der manchmal auch vom Boden aus vorgetragene Gesang der männlichen Kalanderlerche besteht aus gerollten Trillern, durchsetzt mit schnellen, zirpenden Lauten wie *schreee*, *trip-trip* oder *khitra*.

ROTKEHLPIEPER

– Anthus cervinus –

Der Balzgesang des Rotkehlpiepers
besteht aus wiederholten Tongruppen.

Der schlanke, bräunliche Rotkehlpieper bewohnt den Norden von Finnland, Schweden und Norwegen sowie Sibirien. Er bevorzugt offenes Gelände und brütet in sumpfigen Wiesen, Taiga- und Strauchtundra-Regionen. Auf dem Weg in ihr Winterquartier in den Tropen Afrikas und Asiens legen diese Vögel große Strecken zurück. Rotkehlpieper sind gesellig und leben außerhalb der Brutzeit meist in kleinen, lockeren Schwärmen. Sie ernähren sich von Raupen, Käfern, Spinnen, Tausendfüßlern, Weichtieren, Würmern und gelegentlich auch von Pflanzenteilen, die sie bevorzugt in Schlammböden suchen. Dabei laufen sie schnell umher und wedeln wie andere Pieper häufig mit dem Schwanz.

Pieper sind für ihre Balzflüge bekannt. Rotkehlpiepermännchen steigen dabei in Höhen von über 150 Metern auf, bevor sie langsam zu Boden schweben und mit ausgebreiteten Flügeln laut ihren Gesang zum Besten geben. Dieser besteht aus einer langen Folge sonorer Töne, die für gewöhnlich mit einem wiederholten *swee-ur* oder *tswee-tswee* enden. Manchmal stimmen sie ihn auch in einer Baumkrone an. Sie hört sich wie *chu-chu-chu, swee-swee-swee-swee, psiu psiiu psiiiu siirrrr wi-wi-wi-wi, tswee-tswee-tswee-tswee* an. Zu den kurzen Rufen der Rotkehlpieper gehören ein *tew* und ein längeres *tseeeaz*.

RINGDROSSEL
– Turdus torquatus –

Ein Ausschnitt aus dem Pfeifgesang
einer männlichen Ringdrossel.

Die scheue Ringdrossel bevorzugt offenes, felsiges Gelände wie Berghänge, Klippen oder Felsvorsprünge. Während der Brutzeit im Frühjahr und Sommer lebt sie in Nord- und Mitteleuropa, zum Überwintern zieht sie nach Südeuropa und Nordafrika. In Größe und Färbung ähnelt sie der viel häufigeren Amsel (Schwarzdrossel), die zu den bekanntesten Vögeln Europas gehört. Die Ringdrossel sticht durch ihr weißes Brustband aus der Familie der Drosseln heraus. In der Brutzeit trifft man sie meist allein oder paarweise an, im Winterquartier oder auf dem Durchzug dagegen in kleinen Gruppen. Diese Vögel ernähren sich von Insekten, Würmern und Samen und können auf ihrem Zug oft beim Pflücken von Beeren beobachtet werden.

Der traurig klingende Gesang der Ringdrossel ist laut und weit hörbar. Er besteht aus einer Folge von Pfeiftönen, die jeweils mehrmals wiederholt werden, bevor die Drossel zum nächsten Ton wechselt: *trru trru trru trru ... tu-li tu-li tu-li ... chuvuu chuvuu chuvuu.* Ein Ruf, den diese Vögel im Flug häufig von sich geben, wird als hartes, wiederholtes *tak* oder *chak* beschrieben: *chak-chak-chak.*

HECKENSÄNGER

– Cercotrichas galactotes –

Der komplexe und melodische Gesang
eines männlichen Heckensängers.

Der hübsche, kleine Heckensänger gehört zur Familie der Fliegenschnäpper und kommt in Europa in Spanien, Portugal, auf der Balkanhalbinsel und in Griechenland vor. Er brütet in trockenem, offenem Gelände mit dichtem Buschwuchs, in der Nähe von Siedlungen und auch in Obstgärten und Hecken. Zum Überwintern zieht dieser Vogel ins mittlere und südliche Afrika südlich der Sahara. Heckensänger hüpfen auf Nahrungssuche schnell über den Boden und fressen vor allem Insekten, Spinnen und Würmer. Hin und wieder fliegen sie auch vom Boden auf, um Käfer von niedrigen Pflanzen zu picken.

Seinen klangvollen, trillernden, zwitschernden Gesang trägt der Heckensänger im langsamen Sinkflug vor. Zu seinem Rufrepertoire gehören ein raues *teck-teck* und ein pfeifendes *piu* oder *uuh*.

MARISKENSÄNGER

– Acrocephalus melanopogon –

Aus dem Balzgesang des Mariskensängermännchens.

Mit seinem braunen Federkleid gut getarnt, lebt der Mariskensänger, auch Mariskensänger – auch Mariskenrohrsänger oder Tamariskensänger – wie die anderen Rohrsängerartigen in Sümpfen mit hoher Wasservegetation sowie am Ufer von Seen, Flüssen und Bächen in Süd- und Mitteleuropa, vor allem an der Mittelmeerküste. Er sucht im Röhricht, an moorigen Ufern und auf Schwingrasen nach Insekten und anderen kleinen Wirbellosen. Wenn er aufgeregt ist, richtet der Mariskensänger gern seinen eher kurzen Schwanz auf oder bewegt ihn auf und ab.

Die von Beobachtern am häufigsten gehörten Rufe des Mariskensängers sind ein kurzes, kehliges *trek* oder *trrrt* und ein in die Länge gezogenes, klickendes *trek-tk-tk-tk*. Sein Gesang besteht aus einer Tonfolge, die normalerweise *lu-lu-lu-lu* oder *vu-vu-vu-vu* enthält.

BLAUSCHWANZ

– Tarsiger cyanurus –

Der Reviergesang eines Blauschwanzmännchens
in der Morgendämmerung.

In Europa kommt der Blauschwanz eher selten vor; er brütet nur in den kühlen, dichten Wäldern im Nordosten unseres Kontinents, während er östlich davon in Asien bis nach Korea und Japan häufiger ist. Diese Vogelart ernährt sich hauptsächlich von Insekten, nach denen sie in Bäumen, in niedrigen Büschen oder auch auf dem Boden sucht. Außerhalb der Brutzeit frisst der Blauschwanz auch Samen und Früchte. Nachdem sie im Nordosten Europas am Boden gebrütet haben, brechen diese kleinen, scheuen Vögel zu einem erstaunlichen Vogelzug auf, der sie am Himalaja vorbei nach Südostasien führt, wo sie überwintern. Auf ihrer langen Reise rasten Blauschwänze in lichten Wäldern, Obstplantagen und Gärten.

In den Brutgebieten tragen die männlichen Blauschwänze oft in der Morgendämmerung oder kurz davor ihren melancholischen Gesang von der Spitze eines hohen Baumes vor. Er besteht aus einer Reihe von schnell aufeinanderfolgenden, leisen Tönen wie *tetee-teeleee-titititi* und *itru-churr-tre-tru-trurr*. Zu den kurzen Rufen gehören ein abruptes, lautes *tac* oder *tic-tic* und ein leises *huit*.

FELSENKLEIBER

– Sitta neumayer –

Eine Folge von klaren Pfeiftönen ist typisch
für beide Geschlechter des Felsenkleibers.

Die kleinen wendigen Kleiber zeichnen sich durch eine besondere Fähigkeit aus:
Auf der Suche nach Insekten bewegen sie sich mit dem Kopf voran senkrecht
in beide Richtungen, zum Beispiel einen Baumstamm hinauf und hinunter.
Der Felsenkleiber lebt und klettert seinem Namen entsprechend in Felsen oder
Klippen. Dieser weiße und blaugraue Vogel mit dem auffälligen Augenstreifen
wird bisweilen allein oder in kleinen Familienverbänden gesichtet, wie er an
geröllübersäten Abhängen oder in Felsschluchten umherhüpft. Die Felsenkleiber
sind in Südeuropa von Albanien über Griechenland bis in die Türkei heimisch,
wo die Besucher felsiger archäologischer Ausgrabungsstätten die kaum scheuen
Vögel beobachten können.

Die Rufe des Felsenkleibers, darunter ein scharfes *chik* und ein kehliges *schrah*,
werden als laut und schrill beschrieben. Den typischen Gesang, eine Abfolge
von hellen Pfiffen und Trillern, manchmal immer schneller werdend und
abfallend, geben beide Geschlechter zum Besten: *itititit . . toowee toowee toowee
toowee* oder *vi-YU vi-YU vi-YU … tui-tui-tui-tui … vivivivivi.*

ORPHEUSGRASMÜCKE
– Sylvia hortensis –

Der Revier- und Balzgesang der männlichen Orpheusgrasmücke.

Die kleine, unscheinbare Orpheusgrasmücke brütet im westlichen und zentralen Mittelmeerraum. Sie gehört zur Familie der Grasmückenartigen und bevorzugt warme, trockene, lichte Wälder mit buschigem Unterholz, bewohnt aber auch buschbestandene Hänge, Hecken, Olivenhaine, Parkanlagen, Gärten und Buschland an der Küste. Sie haust in Bäumen, bewegt sich aber ständig zwischen niedrigem Gebüsch und hohen Baumkronen hin und her, um auf Ästen und Blättern nach Insekten zu suchen. Orpheusgrasmücken überwintern in Afrika südlich der Sahara.

Die langsamen, trällernden Gesänge der Orpheusgrasmücke variieren von Region zu Region, was die Länge und Art der verwendeten Töne betrifft. Einige klingen wie *teero-teero-teero, turu turu turu turu … liru liru liru tru* oder *wee-oo wee-oo wee-oo*. Zu ihren kurzen Rufen gehören ein hartes *teck* oder *tak* und ein rasselndes *trrrrr* oder *churrrr*.

STEINSPERLING

– Petronia petronia –

Das im Süden Europas gut bekannte *tii-tur'r'r'r* des Steinsperlings.

Der kleine und unauffällige Steinsperling bewohnt die kargen Hügel und Berge Südeuropas, Nordafrikas und Asiens bis zum Westen der Mandschurei. Der Vogel mit dem meist hellbraun, schwarz und weiß gefleckten und gestreiften Federkleid bevorzugt felsige Aufschlüsse, Klippen, Schluchten, steinige Wüstengebiete und archäologische Ausgrabungsstätten. Er läuft und hüpft über Wiesen und Felsen und sucht dort nach Nahrung wie Samen, Getreide, Früchten, Beeren und Insekten. Steinsperlinge brüten in Kolonien von bis zu hundert Paaren und sind auch außerhalb der Brutzeit recht gesellig, sodass man sie dann in Schwärmen antrifft.

Typisch für diese stimmgewaltigen Vögel sind kurze, oft nasale Rufe wie das lang gezogene *sle-veeit* oder *tee-vit*, die mehrmals wiederholt den Eindruck eines Gesangs erwecken. Zu ihren weiteren Lautäußerungen gehören ein trillerartiges *tii-tur'r'r'r* und ein metallisches *pee uoo-ee*.

ALPENDOHLE

– Pyrrhocorax graculus –

Ein typischer Ruf einer Alpendohle im Flug.

Die großen schwarzen Alpendohlen sieht man nicht selten an den Felswänden und Bergkämmen der Alpen, Pyrenäen und anderer Hochgebirge Mittel- und Südeuropas vorbeigleiten. Von den anderen Rabenvögeln unterscheiden sie sich insbesondere durch ihre leuchtend gelben Schnäbel und orangeroten Beine. Alpendohlen fliegen oft in Schwärmen von über hundert Tieren Tag für Tag gemeinsam zu den Futter- und Schlafplätzen. Auf Nahrungssuche begeben sie sich dagegen meist in kleineren Gruppen oder paarweise. Sie fressen vor allem Insekten und andere kleine wirbellose Tiere wie Käfer und Schnecken, die sie im grasbewachsenen oder felsigen Gelände am Boden finden oder ausgraben, dazu auch Beeren, Samen und gelegentlich Aas. In alpinen Skigebieten sind diese frechen Vögel ein häufiger Gast und suchen dort nach Abfällen oder betteln um etwas Essbares. Stets neugierig, folgen sie auch Wanderern und nehmen von ihnen Nahrung an.

Das Stimmrepertoire der Alpendohlen ist vielfältig und umfasst quietschende, schnatternde und schreiende Laute. Im Schwarm geben sie häufig ein hohes *zirr*, ein durchdringendes *ziieh* oder *zeee-up* und ein zischendes *chirrish* von sich. Zu ihren weiteren häufigen Rufen gehören ein liebliches *preeep* und ein gepfiffenes *sweeeoo*.

BERGHÄNFLING

– Carduelis flavirostris –

Zwei Phrasen aus dem Reviergesang des Berghänflings.

Der kleine, gestreifte, dunkel gefärbte Berghänfling gehört zu den Finken und bevorzugt offenes Gelände. Er kommt in Großbritannien, Frankreich, Deutschland, Polen und Skandinavien sowie im Nahen Osten und in Zentralasien vor. Während der Brutzeit bevorzugt er offene Hänge, Moorlandschaften, alpine Wiesen und Hochebenen; er wurde schon in Höhen von über 4800 Metern gesichtet. Im Herbst zieht es den Berghänfling in tiefere Lagen, wo er in Flusstälern, auf Weiden, in Sümpfen, an Berghängen und an der Meeresküste überwintert. Er frisst auf Weiden und Äckern Insekten und Samen, die er am Boden oder in niedrigen Pflanzen findet. Mitunter sucht er auch auf Müllhalden nach Nahrung. Als gesellige Vögel brüten die Berghänflinge meist in kleinen Kolonien und leben auch im Herbst und Winter in eher großen Gruppen.

Die typische Lautäußerung des Berghänflings im Flug ist sein unverwechselbares, nasales, lang gezogenes *twa-eeet*, *tveeiht*, *twee* oder *chweee*. Außerdem zwitschert er gern. Sein Gesang besteht aus einer schnellen Abfolge von Schnarrern, Trillern und Zwitschern und kann auch die zuvor genannten typischen Rufe enthalten.

KAPPENAMMER

– Emberiza melanocephala –

Der Gesang einer männlichen Kappenammer,
gefolgt von mehreren *zrt*.

Die Kappenammer mit der gelben Unterseite, dem kastanienbraunen Rücken und dem herausstechenden schwarzen Kopf brütet in Südosteuropa von Italien über Griechenland bis in die Türkei und in weiter östlichen Teilen des Vorderen Orients bis in den Iran. Sie bevorzugt trockenes, offenes Gelände mit verstreuten Büschen oder Baumgruppen, aber auch Olivenhaine und Gärten. Im Spätsommer und Frühherbst ziehen diese Ammern in kleinen Schwärmen zum Überwintern nach Indien. Sie suchen auf Kulturflächen und in Gebüschen nach Nahrung, die während der Brutzeit vor allem aus Grassamen und Getreidekörnern sowie Insekten besteht.

Die Kappenammer gibt viele verschiedene kurze, manchmal metallisch klingende Rufe von sich: *chlip*, *chleep*, *dzuu* und *prriu*. Einige weitere stößt sie vor allem im Flug aus, darunter ein abruptes *chup* oder *plutt* und ein metallisches *tzik*. Ihren melodiösen, aber rauen Gesang trägt die Kappenammer meist von einem Ansitz hoch oben in einem Baum oder einem Stromkabel vor. Er beginnt mit mehreren *zrt*, die immer schneller ausgestoßen werden, gefolgt von einer Vielfalt anderer Laute und hört sich wie *zrt zrt preepree chu-chiwu-chiwu ze-treeeurr* an.

BINDENKREUZSCHNABEL

– Loxia leucoptera –

Ein Gesang des männlichen Bindenkreuzschnabels
während der Brutzeit.

Der kleine rote Bindenkreuzschnabel bewohnt die Nadelwälder im hohen Norden und ist neben seiner Färbung auch an seiner gekreuzten Schnabelspitze zu erkennen. Diese setzt er wie andere Kreuzschnabelarten als Werkzeug ein, um die Samen in harten, steifen Zapfen von Kieferngewächsen herauspicken zu können. Bindenkreuzschnäbel kommen rund um den Globus in nördlichen Breiten vor, besonders in Nordamerika und Sibirien. Auf unserem Kontinent trifft man sie häufig im äußersten Nordosten (in Finnland und Nordwestrussland) an, seltener im Norden von Schweden und Norwegen. Bindenkreuzschnäbel leben im Süden ihres Verbreitungsgebiets eher in Paaren, im Norden eher in kleinen Gruppen, während sie im Winter Schwärme bilden, die nicht selten Hunderte Tiere umfassen. Neben den Samen von Lärchen, Hemlocktannen und Fichten fressen diese Vögel Beeren, Insekten und Spinnen.

Der Gesang des Bindenkreuzschnabels, den er meist von einer Baumkrone zum Besten gibt, besteht aus schnellen, zwitschernden, rasselnden und sirrenden, trillernden Lauten. Der vermutlich häufigste unter seinen vielen Rufen ist ein trockenes, widerhallendes *chipp-chipp-chipp*, *kip-kip-kip* oder *chiff-chiff-chiff*. Auch ein nasales, kanarienvogelähnliches Piepsen oder Zwitschern hört man oft und bei der Nahrungsaufnahme von den Schwärmen *chet-chet* oder *church-church*.

AFRIKA

Naturliebhaber zieht es vor allem wegen der großen Säugetiere wie Zebras, Giraffen, Elefanten oder Nashörner nach Afrika, doch zunehmend lockt auch die fantastische Vogelwelt Touristen auf diesen Kontinent. Auf Safaris bitten Vogelfreunde ihre Guides häufig nicht nur um einen Halt, um Gnus, Nilpferde oder Krokodile zu beobachten, sondern auch bezaubernde Vögel wie Ibisse, Störche und Kraniche. In Wüsten, Buschland, Grasland, bewaldeten Savannen und Regenwäldern sowie all den anderen Landschaften Afrikas sind etwa 19000 Vogelarten heimisch, davon in vier Ländern je über tausend: in Tansania, Kenia, Kamerun und in der Demokratischen Republik Kongo.

Eine besondere Faszination üben die Vogelfamilien aus, die nur in Afrika vorkommen, darunter die Turakos, große, farbenprächtige Vögel mit leuchtend blauem, grünem oder violettem Federkleid. Bei den Mausvögeln und Honigvögeln oder Gattungen wie den Lärmvögeln weckt schon ihr Name unsere Neugier. Die Mausvögel erinnern mit ihrer eintönigen grauen Färbung tatsächlich an Mäuse und huschen auf der Suche nach Nahrung auch wie kleine Nagetiere umher. Die Honigvögel mit ihren langen Schnäbeln und Schwänzen ernähren sich von Nektar und sind im südlichen Afrika heimisch. Und schließlich sieht der Hammerkopf, dessen Name auf seine ungewöhnliche Kopfform zurückgeht, einem Storch nicht unähnlich. Er gibt den Ornithologen Rätsel auf, denn seine Verwandtschaftsverhältnisse sind ungeklärt, und so wird er meist als einziger Vogel der Familie der Hammerköpfe zugeordnet.

Neben einer Fülle von Raubvögeln leben in Afrika auch viele flugunfähige Laufvögel, die das Laufen dem Fliegen vorziehen, sowie Honiganzeiger, die ihren Namen einem außergewöhnlichen Verhalten verdanken: Besonders der Große Honiganzeiger führt Menschen zu Bienenstöcken. Die Nashornvögel mit ihren riesigen Schnäbeln und ihrem faszinierenden Nistverhalten sind in Afrika ebenso verbreitet wie Eisvögel, Bartvögel, Würger, Stare und Webervögel.

KLUNKERIBIS
– Bostrychia carunculata –

Das gellende *kowrrr-kowrrr-kowrrr*
des Klunkeribis im Flug.

Der große, dunkel gefärbte Klunkeribis mit seinem schwarzen Kehllappen
kommt nur im Hochland Äthiopiens vor. Diese Ibisse verbringen einen Großteil
des Tages damit, in Schwärmen, deren Größe nicht selten hundert Tiere
übersteigt, auf offenem Gelände wie Grasland, Getreidefeldern, in Sümpfen,
Mooren und lichten Wäldern nach Nahrung zu suchen. Am Ende des Tages
fliegen sie in kleinen Gruppen zu ihren nächtlichen Schlafplätzen, die sich
typischerweise in Felswänden oder an Flüssen befinden und zugleich meist
auch als Nistplätze dienen. Klunkeribisse suchen den Boden langsam und
systematisch nach Würmern, Insekten und Fröschen ab, um an Nahrung zu
kommen. Manchmal folgen sie auch Rindern oder anderen Haustieren, um
Insekten zu fangen, die von deren Dung angezogen werden.

Nach dem Aufwachen in der Morgendämmerung geben Klunkeribisse viele
verschiedene kurze Quietsch-, Grunz- und Krächzlaute von sich. Beim Verlassen
der Schlafplätze stoßen sie ein sehr lautes, raues, knurrendes *kowrrr-kowrrr-
kowrrr* aus.

HAMMERKOPF

– Scopus umbretta –

Ein balzendes Hammerkopfpaar gackert laut.

Der storchenähnliche Hammerkopf gehört zu den unverwechselbaren Vögeln der Welt. Seinen Namen hat er von der Form seines Kopfs. Im deutschen Sprachraum ist er auch als Schattenvogel bekannt. Dieser Schreitvogel lebt an Flussmündungen, See- und Flussufern, Fischteichen sowie in anderen Feuchtgebieten. Er ernährt sich hauptsächlich von Fröschen und Kaulquappen, frisst aber auch Fische, Krebstiere, Würmer und Insekten. Gelegentlich fangen Hammerköpfe ihre Beute im Tiefflug über dem Wasser. Man trifft sie in der Regel allein oder paarweise an, manchmal aber auch in Gruppen von bis zu 50 Tieren. Die Einheimischen schreiben diesen Vögeln magische Kräfte zu und kennen zahlreiche Tabus, die sie betreffen. Folglich belästigen oder verletzen sie Hammerköpfe so gut wie nie, sodass die Vögel nicht selten halbzahm werden. Ihr Verbreitungsgebiet umfasst nicht nur Afrika südlich der Sahara, sondern auch Madagaskar und Teile der Arabischen Halbinsel.

In Gruppen gelten Hammerköpfe als ziemlich lautstark. Für sie typisch sind laute, nasale, gackernde Rufe wie *wek-wek-wek-warrrk* oder *yik-yik-yik-yirrr-yirrr*. Einzelne Hammerköpfe sind dagegen meist still. Im Flug geben diese Vögel kurze, schrille Laute von sich, die wie *keks* oder *nyips* klingen.

MARABU

– Leptoptilos crumeniferus –

Das Klappern eines Marabus, wenn er sich bedroht fühlt.

Der Marabu, der mitunter zu den hässlichsten Vögeln der Welt gerechnet wird, ist etwa einen Meter groß und hat eine beeindruckende Flügelspannweite von bis zu drei Metern. Beobachter beschreiben diesen Storch mit seinem beinahe federlosen roten oder rosa und dunkel gefleckten Kopf sowie dem ähnlich gefärbten langen Kehlsack als hager. Marabus kommen in weiten Teilen der afrikanischen Tropen in offenem, trockenem Gelände wie Savanne und Grasland vor, aber auch in Sümpfen, an Fluss- und Seeufern und in anderen Feuchtgebieten. Sie machen sich oft in Gruppen an Land und im seichten Wasser auf Nahrungssuche und fressen sowohl Tierkadaver als auch lebende Tiere wie Fische, Frösche, Eidechsen, Schlangen, Mäuse, Ratten und Vögel – selbst so stattliche wie Flamingos. Außerdem folgen Marabus Herden großer Säugetiere, um die Insekten zu fangen, die sie aufscheuchen.

Marabus sind außerhalb der Brutzeit ziemlich ruhig. In ihren Nestern oder in deren Nähe geben sie eine Reihe pfeifender, wimmernder und grunzender Lautäußerungen von sich. Wer ihrem Nest zu nahe kommt, den vertreiben sie mit lauten *mwaaa*-Rufen. Wie andere Störche klappern sie auch mit den Schnäbeln.

NILGANS

– Alopochen aegyptiaca –

Das nasale Hupen einer Nilgans als Warnruf.

Nilgänse kommen heute hauptsächlich in Afrika südlich der Sahara vor, doch in der Antike waren sie im gesamten Niltal häufig und galten als heilige Tiere. Diese bulligen, braunen Gänse bewohnen Feuchtgebiete bis an die Küste und leben in großen Gruppen, wo immer sie offenes Wasser und Nahrung in ausreichender Menge finden. Im Wasser suchen sie nach Pflanzen, indem sie ihren Kopf untertauchen, an Land fressen sie Gräser, Samen, Getreide und Pflanzentriebe sowie gelegentlich auch Würmer oder Insekten.

Einzeln sind diese geselligen Vögel ruhig, in Gruppen dagegen sehr lautstark. Die Männchen geben einen nasalen, in der Tonhöhe leicht angehobenen, hupenden oder keuchenden Ton von sich, der noch lauter wird, wenn sie erregt sind. Die Weibchen begleiten die Männchen mit ihrem eigenen hochtonigen *hur-hur-hur*.

GELBKEHLFRANKOLIN

– Pternistis leucoscepus –

Der Lockruf eines männlichen Gelbkehlfrankolins.

Der große, hühnerähnliche Gelbkehlfrankolin mit seiner charakteristischen kahlen, gelben Kehle bewohnt das Buschland, baumbestandenes Grasland und Ackerland in Ostafrika von Äthiopien und Somalia im Norden bis nach Tansania im Süden. Meist lebt er in Paaren oder kleinen Familiengruppen. Frankoline scharren mit ihren Füßen im Boden nach Nahrung, die vor allem aus Pflanzenwurzeln, Samen und Insekten wie Termiten besteht, fressen aber auch Getreide von Feldern.

Männliche Gelbkehlfrankoline balzen um eine Partnerin, indem sie auf Ansitze wie Termitenhügel, Baumstümpfe oder Zaunpfähle klettern und laute, tiefe und knirschende Rufe ausstoßen: *ko-warrrk, ko-warrrk, koweeark*. Diese reihen sie manchmal zu einer längeren Serie aneinander, deren Lautstärke zum Ende hin abnimmt, sodass der Balzgesang wie k*o-weerrrrk-kweeerrrrk-kwerrrk-kwarr-karr-karr* klingt.

SCHREISEEADLER

– Haliaeetus vocifer –

Der häufigste Ruf des Schreiseeadlers
ist ein jodelndes *weee-ah hyo-hyo-hyo*.

Dieser majestätische Vertreter der Gattung der Seeadler, der mit seinem schneeweißen Kopf und Schwanz an seinen amerikanischen Verwandten, den Weißkopfseeadler, erinnert, bewohnt weite Teile Afrikas südlich der Sahara. Der Schreiseeadler hält stundenlang an den Ufern von Flüssen, Seen und Sümpfen nach Beute Ausschau – bevorzugt nach Fischen. Sichtet er einen, schießt er im Sturzflug zur Wasseroberfläche hinab und schnappt ihn sich. Dann fliegt er mit vollem Schnabel zu einem Ansitz oder zum Strand, um seine Beute zu verzehren. Schreiseeadler fressen auch Wasservögel, Amphibien, Reptilien, kleine Säugetiere, Insekten und Aas. Als »Piraten« stehlen diese aggressiven Vögel auch Reihern, Störchen und Eisvögeln ihr Futter. Sie werden meist alleine gesichtet, an Stellen mit reichlich Nahrung wie einem flachen Teich mit gestrandeten Fischen jedoch auch in Gruppen.

Die Stimmen der Schreiseeadler sind an den Küsten Afrikas allerorten laut und deutlich zu hören. Ein typischer Ruf ist eine Art jammernder Jodler, der wie *weee-ah hyo-hyo-hyo* oder *weee … wu wu wu* klingt. Adlerpaare singen gern auch im Duett, wobei oft das Weibchen ein *wi* anstimmt und in diesem Fall das Männchen mit *oo* antwortet.

SÜDAFRIKA-
KRONENKRANICH

– Balearica regulorum –

Das Trompeten eines Südafrika-Kronenkranichs
in der ostafrikanischen Savanne.

Der Südafrika-Kronenkranich, auch Grauhals- oder Heller Kronenkranich genannt, sieht mit den weißen und rötlich braunen Flecken auf den Flügeln und der buschigen, strohfarbenen »Krone« stattlich aus. Er lebt meist in Paaren oder Gruppen von bis zu 20 Individuen, bildet manchmal aber auch Schwärme mit über hundert Vögeln. Die Nacht verbringen diese Kraniche größtenteils an Flüssen, in Sümpfen oder Bäumen. In der Morgendämmerung verlassen sie ihre Schlafstätten und fliegen zu ihren Futterplätzen, von denen sie kurz vor Sonnenuntergang zurückkehren. Sie bevorzugen offenes Gelände, ob nass oder trocken wie Grasland, lichten Wald in der Nähe von Flüssen und überschwemmte Ebenen. Ihre Nahrung – die aus Samen, Körnern, Insekten wie Grashüpfern und Heuschrecken, Würmern, Krebsen, Fröschen und Eidechsen besteht – picken sie vom Boden auf. Ihr Verbreitungsgebiet beschränkt sich auf das östliche und südliche Afrika von Kenia bis Südafrika.

Typisch für Südafrika-Kronenkranichpaare sind Folgen lauter, tiefer Rufe, die bis zu einer Minute dauern können und wie ein Jagdhorn klingen. Ihre Warn- und Drohrufe werden als *ooh-eyannh* oder *ya-oou-goo-lung* beschrieben. Bei der Begegnung mit anderen Kranichen und bei der Nahrungsaufnahme stoßen sie oft leise schnurrende Rufe aus.

BINDENRENNVOGEL

– Rhinoptilus cinctus –

Die charakteristischen rollenden,
lang gezogenen Rufe mehrerer Bindenrennvögel.

Der hübsche, überwiegend nachtaktive Bindenrennvogel ist im östlichen und südlichen Afrika heimisch, wo er vor allem trockene, lichte Wälder, Savannen und buschiges Grasland bewohnt. Sein in Braun- und Beigetönen gemustertes »Tarnkleid« macht es Beobachtern allerdings schwer, ihn zu entdecken. Diese Vögel aus der bodenbewohnenden Unterfamilie der Rennvögel verbringen die meiste Zeit des Tages in Paaren oder kleinen Gruppen von fünf oder sechs Individuen im Schatten eines Busches oder kleinen Baumes. Nachts machen sie sich auf die Suche nach Insekten, die sie manchmal vor dem Fressen über den Boden jagen. Als Läufer bewegen sie sich sowohl bei der Nahrungssuche als auch bei der Flucht vor Raubtieren bevorzugt am Boden fort und erheben sich nur zu kurzen Flügen in niedriger Höhe in die Lüfte.

Die Rufe der Bindenrennvögel ziehen sich oft in die Länge, steigen in der Tonhöhe an und fallen dann ab, um am Ende zu verklingen. Sie hören sich wie *keek-keek kik-kik-kik-kik-kik-kik* oder *chuck-a-chuck-a-chuck-a* oder auch *wick-er-wick-er-wick-er* an. Beim Füttern geben sie ein leises *chuick* von sich, vielleicht um untereinander Kontakt zu halten. Ihr Warnruf ist ein tiefes *pieu*.

RIESENTURAKO

– Corythaeola cristata –

Eine Folge rasselnder *kok-kok-kok*,
wie sie für den Riesenturako charakteristisch sind.

Alle 23 Turakoarten kommen ausschließlich in Afrika vor und bevorzugen Wälder, Waldränder und Savannen als Lebensraum. Die stattlichen, baumbewohnenden Vögel wurden lange wegen ihres bunten Gefieders gejagt. Die größte Art der Familie, der Riesenturako, gehört mit seinem an der Oberseite blau und an der Unterseite rot und grün oder gelb gefärbten Gefieder zu den schönsten Vögeln Afrikas. Er lebt meist in kleinen Gruppen von drei bis sieben Tieren in den Regenwäldern Zentral- und Westafrikas. Riesenturakos gehen den ganzen Tag über, vor allem aber am frühen Abend, auf Nahrungssuche und bevorzugen Obst, Blätter, Blumen und Baumknospen. Sobald ein Baum abgesucht ist, fliegen sie einer hinter dem anderen her zum nächsten.

Die lauten, vielfach wiederholten Rufe der Turakos gehören zur charakteristischen Geräuschkulisse ihrer Heimat. Die häufigste längere Lautäußerung des Riesenturakos beginnt mit trillernden *prru ... prru ...* oder *roh-ou*, die in eine lange Folge von rasselnden *kok-kok-kok-kok* übergehen und manchmal mit mehreren *ta-tek* enden.

GRAUER LÄRMVOGEL

– Corythaixoides concolor –

Das laute *g'way!* des Grauen Lärmvogels,
dem er seinen englischen Namen verdankt.

Der große Graue Lärmvogel gehört zur Familie der Turakos und ist mit seinem rauchgrauen Federkleid, dem auffälligen Kamm und dem langen Schwanz unverkennbar. Die Vögel leben in Gruppen zwischen drei und etwa einem Dutzend, an guten Futter- oder Wasserstellen auch bis zu über 30 Tieren, in den trockenen, weiten Savannen und lichten Wäldern des südlichen Afrikas. Auf der Suche nach schmackhaften Früchten klettern und springen diese Turakos hintereinander von Baum zu Baum. Blumen und Blütennektar gehören ebenso zu ihrer Nahrung wie Termiten, die sie am Boden suchen. Graue Lärmvögel gelten als Schädlinge, denn sie dringen gern in Vorstadtparks und -gärten vor und tun sich an den dortigen Früchten gütlich.

Der typische Ruf des Grauen Lärmvogels ist ein lautes, klagendes *g'way g'way* mit der Betonung auf *way* – im Englischen heißt er deshalb »Grey Go-Away-Bird«. Zu seinen weiteren markanten Rufen gehören ein raues, fragendes *wherrrrrr?* und ein weiches, lang gezogenes *ee-aww* sowie eine Reihe von gackernden, jammernden und gurgelnden Lauten.

SENEGALKIEBITZ

– Vanellus senegallus –

Ein wiederholtes *kip-kip-kip* dient dem Senegalkiebitz als Warnruf.

Der in weiten Teilen Afrikas südlich der Sahara verbreitete Senegalkiebitz gehört zur Familie der Regenpfeifer. Er bevorzugt Sumpfränder und feuchtes Grasland sowie die Nähe von Seen, Tümpeln, Reisfeldern und anderen feuchten Anbauflächen. Auf der Suche nach Nahrung, die vor allem aus Insekten und Würmern besteht, schreiten diese langbeinigen Vögel in Paaren oder kleinen Gruppen langsam durch das Wasser. Sind sie fündig geworden, bleiben sie auf einem Bein stehen, laufen oder springen auf die Beute zu und fangen sie. Neben Wirbellosen fressen sie auch Grassamen.

Der oft wiederholte Warnruf der Senegalkiebitze klingt wie *kip-kip-kip* oder *ke-WEEP, ke-WEEP, ke-WEEP*. Wenn sie kämpfen oder auf andere Weise erregt sind, piepsen sie in einem fort schnell und hoch, und wenn sie in ihren Revieren landen, stoßen sie oft ein einzelnes, lautes *peep* aus.

COQUEREL-SEIDENKUCKUCK

– Coua coquereli –

Der laute Gesang des Coquerel-Seidenkuckucks,
den man viel öfter zu hören als zu sehen bekommt.

Der Coquerel-Seidenkuckuck ist ein großer, schlanker Bodenvogel und kommt nur in den Wäldern im Norden und Nordwesten von Madagaskar vor. Die nackte Haut rund um die Augen ist hell- bzw. dunkelblau und weist einen rötlichen Fleck auf. Dieses scheue Mitglied der Kuckucksfamilie sucht meist allein oder paarweise den Waldboden nach Nahrung ab und wird dabei hin und wieder von Menschen beobachtet, wenn sich ihre Wege kreuzen. Außerdem fressen diese Vögel auch Insekten, Spinnen, Beeren und Früchte, die sie in Büschen und kleinen Bäumen finden. Wenn sie aufgescheucht werden, laufen sie eher weg als dass sie davonfliegen.

Die häufigste Lautäußerung des Coquerel-Seidenkuckucks ist ein lautes, deutliches *kewkiw-kewkewkew* oder *kewkew-kewkew*. Sowohl am Boden als auch auf Ansitzen hört man ihn *igitt-igitt* rufen, und auch Grunzlaute gehören zu seinem Stimmrepertoire.

WEISSBRAUENKUCKUCK

– Centropus superciliosus –

Der blubbernde Gesang eines männlichen Weißbrauenkuckucks.

Der große, untersetzte Weißbrauenkuckuck mit dem langen, breiten Schwanz gehört zur Gattung der Spornkuckucke und bewohnt Sümpfe, Dickichte, dichte Grasflächen und Flussufer im östlichen und südlichen Afrika. Er fliegt eher selten und meist nur kurze Strecken. Den Großteil des Tages lauert er oft paarweise im dichten Gras und in Büschen seiner Beute auf. Sie besteht bei dieser Kuckucksart aus kleinen Tieren, von Insekten, Spinnen, Schnecken und Krebsen bis hin zu Eidechsen, Fröschen, Schlangen sowie Vögeln und Nagetieren. Der Weißbrauenkuckuck behält auch die Ränder von Grasbränden im Auge, um Insekten und andere Tiere auf der Flucht vor den Flammen zu fangen.

Die blubbernden Rufe der Spornkuckucke erinnern an das Geräusch von Wasser, das aus einer Flasche eingeschenkt wird. Typisch für den Weißbrauenkuckuck ist eine schnelle Folge von ein bis zwei Dutzend dieser »Gluckser«, die erst leiser und dann wieder lauter werden. Außerdem gibt er auch einen längeren Ruf von sich, der einem tieftonigen Gurren von Tauben nicht unähnlich ist.

MADAGASKAR-KAUZ

– Ninox superciliaris –

Der Ruf eines Madagaskar-Kauzes hallt durch einen Wald auf der Insel.

Der plumpe, mittelgroße braune Madagaskar-Kauz mit dem rundlichen Kopf gehört zur Familie der Eigentlichen Eulen und kommt nur auf der Insel vor, nach der er benannt ist. Man trifft ihn sowohl in Regen- als auch in Trockenwäldern an, doch er bevorzugt offeneres Gelände mit weniger Bäumen wie bewaldete Savannen, Waldlichtungen oder halbtrockenes Buschland. Durch die intensive Nutzung und Abholzung ihrer bewaldeten Lebensräume ist die Art zunehmend bedroht. Die nachtaktive Eule hält meist auf einem Ast in der Nähe einer Straße, eines Weges oder einer anderen freien Fläche nach Beute Ausschau. Wenn sie ein Insekt, ein Reptil, einen kleinen Vogel oder ein kleines Säugetier entdeckt hat, schießt sie im Sturzflug hervor, fängt das Beutetier und bringt es weg, um es zu fressen.

Madagaskar-Käuze gelten als stimmgewaltig, ihre lauten Rufe hallen immer wieder durch die Nacht. Ihr charakteristischer Ruf beginnt mit einem dumpf klingenden Doppelruf – *ho-o-o-hoo* oder *wuh-uoh* –, gefolgt von einer Serie aus etwa zwei Dutzend ständig wiederholten *kiang* oder *kuang* oder *kuatt*, deren Tonhöhe und Lautstärke immer mehr zunehmen. Oft kommunizieren mehrere in einiger Entfernung befindliche Käuze über einige Entfernung miteinander.

BRAUNFLÜGEL-MAUSVOGEL
– Colius striatus –

Rufe eines Braunflügel-Mausvogels auf Futtersuche.

Alle sechs Mausvogelarten sind nur in Afrika heimisch. Sie ernähren sich nicht etwa von Nagetieren, vielmehr rührt ihr Name von ihrem Aussehen und Verhalten her: Ihr langer, dünner Schwanz erinnert an Mäuse, und sie huschen gern durch das Gebüsch und drängen sich zum Schlafen in Gruppen von vier bis acht Vögeln zusammen. An guten Futterplätzen trifft man auch auf größere Ansammlungen. Die Braunflügel-Mausvögel kommen südlich der Sahara in vielen Regionen vor und ernähren sich hauptsächlich von Früchten, aber auch von Knospen, Blüten und Nektar. Sie bevorzugen Lebensräume wie Dickichte, offenes Waldland und Waldränder. Bei Landwirten und Gärtnern stehen sie in Verruf, weil sie auch Parks und Gärten aufsuchen und dort Obst, Gemüse und Blumen fressen.

Die lauten Stimmen der Mausvögel empfinden viele Menschen als kratzig und unangenehm. Mit einem häufigen Ruf, der wie *kau-kau* oder *siu-siu* klingt, hält der Braunflügel-Mausvogel womöglich den Kontakt zum restlichen Schwarm aufrecht. Kurz vor einem Flug gibt er ein scharfes *tsi-ui* von sich, in der Luft ein *tru ... tru ...* Als Warnrufe dienen ein schrilles *schiech* und ein explosives *pit*.

RIESENFISCHER

– Megaceryle maxima –

Das ständig wiederholte *kek* eines aufgeschreckten Riesenfischers.

Der Riesenfischer, Afrikas größte Eisvogelart, ist in weiten Teilen des Kontinents südlich der Sahara verbreitet. Der eher scheue Vogel bevorzugt Feuchtgebiete, etwa in der Nähe von Seen, Flüssen, Bächen, Küstenlagunen und Flussmündungen, sowie sandige Meeresküsten. Er hält in der Regel allein oder in Paaren von einem Ansitz wie einem über dem Wasser hängenden Ast oder einer Felsklippe aus nach Beute Ausschau. Hat er einen Fisch an oder unter der Wasseroberfläche entdeckt, schießt der Riesenfischer herab und taucht ins Wasser, um ihn zu fangen. Mit seiner Beute fliegt er zurück zu seinem Ansitz und schluckt den Fisch meist ganz herunter. Er frisst auch Krebse, Frösche, kleine Reptilien und Insekten, die er erst ein paar Mal gegen den Ast oder den Fels schlägt, um sie leichter verschlingen zu können. Vogelfreunde haben schon beobachtet, wie diese Eisvögel nach der Nahrungssuche im Meer ins Süßwasser tauchten, um sich zu waschen.

Wie die Rufe der meisten anderen Eisvögel sind auch die des Riesenfischers laut und schrill. Im Flug hört man ihn oft in die Länge gezogen lachen oder gackern: *kiau-kiau-kee-ee-ee-ee-ee-ee-kiau-kiau-kiau-kiau*. Zu den weiteren Rufen dieser Vögel gehören ein laut rasselndes *kiririririri* sowie ein mehrmals wiederholtes *kek*, das sie ausstoßen, wenn sie gestört werden.

WEISSSTIRNSPINT

– Merops bullockoides –

Der Ruf eines Weißstirnspintpaars aus ihrem Nestloch.

Die Vogelfamilie der Bienenfresser kommt in Südeuropa, im Nahen Osten, Südasien, Afrika und Australien in warmen, aber nicht zu trockenen Gegenden vor. Der Weißstirnspint ist wie die meisten Arten in Afrika heimisch. Ihrem Namen entsprechend fangen die farbenprächtigen Bienenfresser mit ihren langen, dünnen Schnäbeln Bienen, aber auch Wespen und Hornissen, die zusammen etwa 80 Prozent ihrer Nahrung ausmachen. Daneben fressen sie auch Insekten wie Käfer, Fliegen, Schmetterlinge und Heuschrecken. Weißstirnspinte leben meist in kleinen Gruppen, trennen sich aber tagsüber oft, um allein zu jagen. Die Vögel halten auf Ästen oder Sträuchern nach Beute Ausschau. Wenn sie ein schmackhaftes Insekt entdeckt haben, fliegen sie los, fangen es und verzehren es dann an einem Ruheplatz. Sie leben oft an baumbestandenen Flüssen oder Seen, aber auch in anderen Habitaten mit Bäumen oder Sträuchern. Diese Vögel sind im östlichen, zentralen und in Teilen des südlichen Afrikas südlich des Äquators heimisch.

Der Weißstirnspint ist ein eher lautstarker Vogel, der viele verschiedene kurze Rufe anstimmt. Am häufigsten gibt er ein tiefes, dumpfes *gaaar* oder *gaauu* von sich. Zu seinen weiteren Lautäußerungen, deren Tonhöhe steigt oder auch abfällt, gehören *kwannk*, *krrrt*, *kakaka* und *waaru*.

GABELRACKE

– Coracias caudatus –

Das wiederholte *rak-rak-rak* einer Gabelracke während eines Balzflugs.

Die farbenfrohen Racken mit ihren eher großen Köpfen und kurzen Hälsen entdeckt man in weiten Teilen Afrikas mit Ausnahme der Sahara oft auf Bäumen. Eine der schönsten Arten, die Gabelracke, ist in den östlichen und südlichen Teilen des Kontinents heimisch. Sie hat den Ruf, ihre Brutplätze aggressiv zu verteidigen und Eindringlinge – auch Menschen – im Sturzflug zu attackieren. Wie bei anderen Racken sind ihre Balzflüge spektakulär: Die Männchen sausen im Sturzflug auf den Boden zu und ziehen dann schnell wieder hoch, wobei sie sich laut schreiend nach links und rechts rollen. Die Gabelracken leben in der Regel allein oder paarweise und bevorzugen trockene lichte Wälder und Baumsavannen. Ihrer Beute lauern diese Vögel auf einem erhöhten Ansitz auf und fangen sie im Sturzflug. Sie fressen Insekten, Spinnen, Skorpione, Schnecken, Frösche, Eidechsen und kleine Vögel – kleine Tiere verzehren sie meist ganz am Boden, während sie größere erst zerstückeln und auf ihren Ansitz bringen.

Auf ihren Balzflügen stoßen die Gabelracken zunächst ein lautes, kratzendes *rak* aus, das sie viele Male wiederholen (*rak-rak-rak-rak* ...), gefolgt von rasselnden Lautäußerungen, die wie *kaaa, kaarsh, kaaaaarrsh* klingen.

BAUMHOPF

– Phoeniculus purpureus –

Das laute Geschnatter von Baumhopfen ist
in den Savannen Afrikas häufig zu hören.

Der Baumhopf bildet zusammen mit dem Sichelhopf die Familie der Baumhopfe
und fällt mit seinem metallisch dunkelgrünen Gefieder, dem langen violetten
Schwanz und dem hellroten, nach unten gebogenen Schnabel auf. Er lebt
in der Regel in Gruppen von vier bis acht Tieren und bewohnt Wälder und
Savannen im zentralen und südlichen Afrika – aber nur dort, wo es größere
Bäume gibt, denn hier findet er seine Nahrung und kann in Baumhöhlen nisten.
Baumhopfe bewegen sich wie Akrobaten über Baumstämme und durch das
Geäst, oft in seltsamen Winkeln kopfüber, um Rinde und Spalten nach Beute
abzusuchen. Mit ihren scharfen Schnäbeln klopfen sie die Rinde auf der Suche
nach versteckten Insekten, Spinnen, Tausendfüßlern und Hundertfüßlern ab.
Diese Vögel fressen auch kleine Eidechsen und bestimmte Früchte.

Baumhopfe trifft man nicht selten in Gruppen an, die an einer Reviergrenze
zusammenkommen und sie durch ihr Geschnatter markieren. Dabei sitzen
die Vögel dicht beieinander, schaukeln hin und her und geben lang anhaltende
glucksende oder blubbernde Laute von sich, die wie *kak-kak-kkkkk* klingen. Die
Laute des Baumhopfs unterscheiden sich geringfügig nach Geschlecht: So ist
der Warnruf beim Männchen *kuk* und beim Weibchen *ke-ek*.

TROMPETERHORNVOGEL

– Bycanistes bucinator –

Das Geheul einer Gruppe von Trompeterhornvögeln
in den Baumkronen eines afrikanischen Waldes.

Die Nashornvögel mit ihrem riesigen Schnabel und dem Horn darauf sind wirklich einzigartig – wie auch ihr Brutverhalten: Das Weibchen zieht sich in eine Baumhöhle zurück und verlässt sie erst mit den flügge gewordenen Jungen, während ihr Partner sie durch ein kleines Loch mit Nahrung versorgt. Der Trompeterhornvogel lebt in Wäldern, insbesondere in der Nähe von Gewässern. Die Nächte verbringt er nicht selten in Gruppen von 30 bis 40 Tieren und zieht bei Sonnenaufgang in kleineren Trupps los, um in den Bäumen nach Nahrung zu suchen. Diese besteht hauptsächlich aus Feigen und anderen Früchten, aber auch aus Insekten, Krebsen, kleinen Vögeln und Nestlingen. Trotz ihrer Größe sind die Trompeterhornvögel ausgezeichnete Flieger und bewegen sich elegant durch die Baumkronen. Ihr Verbreitungsgebiet reicht in Nord-Südrichtung von Kenia bis nach Mosambik und Südafrika, im Westen bis nach Angola.

Die charakteristische Ruf des Trompeterhornvogels ist lang gezogen und heulend und klingt gegen Ende aus: *naaay-naaaaaaay-naaaaaaay-naaaay* oder *nhaa nhaahahahaha*. Bei der Nahrungsaufnahme gibt er meist tiefe, gutturale gackernde, grunzende oder krächzende Laute von sich.

FLAMMENKOPF-BARTVOGEL

– Trachyphonus erythrocephalus –

Das Duett eines Flammenkopf-Bartvogel-Paars.

Mit seinem farbenfrohen Kopf und Brustkorb und der schwarz-weißen Zeichnung gehört der Flammenkopf-Bartvogel zu den markantesten kleineren Vögeln Ostafrikas und fällt in seinem Lebensraum auf. Er bevorzugt offenes, aber unwegsames Gelände wie Flussbette oder Felsen mit Termitenhügeln. Flammenkopf-Bartvögel leben in Paaren oder in kleinen Familiengruppen von drei bis zehn Tieren. Sie suchen oft am Boden nach Nahrung wie Feigen und anderen Früchten, Samen, Insekten, Spinnen und kleinen Vögeln sowie deren Eiern. Manchmal picken sie auch tote Insekten aus dem Kühlergrill von Autos. Seine Nisthöhlen gräbt der Flammenkopf-Bartvogel in Termitenhügel.

Bei Vogelbeobachtern ist die Familie der Afrikanischen Bartvögel nicht nur wegen ihrer wunderschönen Färbung, sondern auch wegen ihres melodischen Gesangs beliebt. Die Flammenkopf-Bartvögel beeindrucken durch ihre besonderen, lauten Duette: Das Männchen beginnt mit drei gepfiffenen Tönen, auf die das Weibchen mit drei bis fünf höheren kurzen Tönen antwortet, die dazu passen. Ihr Gesang hört sich wie ein- oder zweiminütiges, sich ständig wiederholendes *teedle-kwau, teedle-kwau, teedle-kwau* an. Passend zu seinem englischen Namen *Red-and-yellow barbet* wird der Gesang dieses Vogels mitunter auch als *red'n yell-ow, red'n yell-ow, red'n yell-ow* beschrieben.

GROSSER HONIGANZEIGER

– Indicator indicator –

Der Große Honiganzeiger singt sein *wi-chew* oft über Stunden.

Der braune Große Honiganzeiger, auch Schwarzkehl-Honiganzeiger genannt, sieht wenig aufsehenerregend aus. Er ernährt sich von Bienen, Termiten, Ameisen und Fliegen – und liebt Bienenwachs. Der in Afrika südlich der Sahara heimische Vogel bevorzugt lichte Wälder und Waldränder, kommt aber auch an baumbestandenen Flussufern und auf Feldern mit vereinzelten Bäumen vor. Seinem Namen entsprechend führt der Große Honiganzeiger Menschen zu Bienenstöcken, was für beide Seiten von Vorteil ist: Die Menschen kommen einfacher an Honig und überlassen dem Vogel traditionell einen Teil des Bienenwachses. Der Vogel erregt die Aufmerksamkeit des menschlichen Honigjägers, indem er von einem Baum aus seinen unverwechselbaren »Führungsruf« anstimmt. Sobald der Sammler näher kommt, fliegt der Vogel zum nächsten Baum in Richtung Bienenstock und ruft dort erneut – und immer so weiter, bis beide das Ziel erreicht haben.

Der Leitruf des Großen Honiganzeigers ist ein lautes, nasales Schnattern, manchmal vermischt mit Piep- oder Pfeiftönen. Meist tragen die Männchen den Gesang derart vor: leise Töne, gefolgt von einer Reihe von Rufen, die wie *wi-chew* oder *tor-vik* klingen. Ein weiterer Ruf der Männchen ist ein aggressiv wirkendes *freeeeer*.

BRAUNKOPF-TROPFENVOGEL

– Nicator gularis –

Oft weist nur sein auffälliger Gesang auf die Gegenwart
eines Braunkopf-Tropfenvogels hin.

Die drei Arten der Tropfenvögel sind einander sehr ähnlich und haben den Ornithologen ihre Einordnung nicht gerade einfach gemacht. Auch sie zu beobachten ist nicht leicht, denn sie verstecken sich gern im dichten Gebüsch. Der Braunkopf-Tropfenvogel ist im östlichen und südlichen Afrika in Habitaten wie Regen- und Galeriewäldern und Strauchsavannen weitverbreitet. Er frisst Käfer und andere Insekten sowie deren Raupen und hüpft auf Nahrungssuche gemächlich über die Äste in den Baumkronen. Manchmal lässt er sich auch auf den Boden fallen.

Der Braunkopf-Tropfenvogel ist lautstark und trägt seinen Gesang meist von einem versteckten Ansitz vor. Er beginnt mit einem tiefen *yik-chop weeoo-tok trrr* oder *yu-ik-wit-wer-trr* und geht dann in ein chaotisches Pfeifen über, das wie *cho-chou-choou-chueeee* oder *hip-to-wee-to-chip to-weet* klingt. Sein häufigster Ruf ist ein scharfes *tuk*, sein Warnruf *tsuck* oder *zokk*.

WEISSBRAUENRÖTEL

– Cossypha heuglini –

Der wunderschöne Gesang eines männlichen Weißbrauenrötels.

Der Weißbrauenrötel mit dem charakteristischen weißen Augenstreifen kommt im östlichen und südlichen Afrika in vielen Lebensräumen vor, meidet aber dichte Wälder. Er scheint die Nähe von Wasser zu bevorzugen und hält deshalb auch in Parks und Gärten Einzug. Meistens werden diese Vögel allein oder paarweise gesichtet; oft kommen sie in der Abenddämmerung hervor und suchen auf offenem Gelände herumhüpfend nach Insekten wie Ameisen, Termiten und Käfern. Manchmal streichen sie auch mit dem Schnabel über Blätter, um an versteckte Beute zu kommen.

Vogelfreunde halten Weißbrauenrötel für gute Sänger. Die Männchen geben den charakteristischen Gesang der Art zum Besten, der aus mehreren hohen, gefolgt von einigen tiefen Tönen besteht. Bei jeder Wiederholung steigert der Vogel Lautstärke und Tempo. Dieser Refrain klingt wie *trickle-chok-twee* oder *wuut wuut chero-chiii*.

SCHWARZKEHL-FEINSÄNGER

– Apalis jacksoni –

Das typische, ständig wiederholte *t'link-t'link-t'link* eines männlichen Schwarzkehl-Feinsängers.

Der winzige, schmucke Schwarzkehl-Feinsänger gehört zur großen Familie der Halmsängerartigen, die in ganz Afrika, im südlichen Europa, in Asien und Australien verbreitet ist. Er selbst kommt nur in höher gelegenen Wäldern in weit verstreuten Gebieten Zentral- und Ostafrikas vor und lebt meist in Paaren oder kleinen Familiengruppen mit drei bis vier Tieren. Dieser aktive Feinsänger hüpft über die Äste, um Zweige und Blätter nach Insekten und Spinnen abzusuchen, fängt aber auch Insekten im Flug. Er hält sich hauptsächlich in den Baumkronen auf, oft in mittlerer Höhe.

Der musikalische, metallisch klingende Gesang des Schwarzkehl-Feinsängers besteht aus einfachen, reinen *t'link-t'link-t'link*, die er manchmal über einen längeren Zeitraum ertönen lässt. Zu seinem Rufrepertoire gehören auch ein leises, klagendes *piu* oder *pu*.

SCHWARZKEHL-LAPPENSCHNÄPPER

— Platysteira peltata —

Das *djip-djip-zipweet, zipweet, zipweet* eines männlichen Schwarzkehl-Lappenschnäppers.

Die Lappenschnäpper sind an den bunten Ringen aus nackter Haut (Hautlappen) um die Augen zu erkennen. Ihre Gattung gehört zur Familie der Afrikaschnäpper. Der seltene Schwarzkehl-Lappenschnäpper mit dem breiten Schnabel und dem auffälligen roten Augenkamm kommt vor allem im Süden und Osten des Kontinents in bewaldeten Gegenden vor. Die meist ruhigen Vögel fliegen durch das Laub der Bäume und suchen dort nach Insekten; oft flattern sie schnell mit den Flügeln, um diese aus ihren Verstecken aufzuscheuchen. Sie leben in der Regel in Paaren oder in kleinen Familienverbänden.

Schwarzkehl-Lappenschnäpper-Paare singen oft im Duett. Die Gesänge, die je nach Region leicht variieren, klingen rau oder kratzig und unmelodisch: *djip-djip-djip-djip-zipweet, zipweet, zipweet, zipweet* oder *ch ch ch ch ... in-cherin-cherin-cherin-cherinch.* Der Alarmruf der Art ist ein *tsit-tsit.*

ZIERNEKTARVOGEL

– Cinnyris venustus –

Ein typischer Gesang eines männlichen Ziernektarvogels.

Die kleinen Nektarvögel, auch Honigvögel genannt, erinnern mitunter an Kolibris, haben jedoch einen langen, nach unten gebogenen Schnabel, mit dem sie Nektar aus Blüten saugen können. Der Zier- oder Gelbbauchnektarvogel gehört zu den typischsten Vertretern seiner Familie und ist im westlichen, östlichen und südlichen Afrikas weitverbreitet. Er bevorzugt Waldgebiete, Savannen, Mangrovenwälder und Gärten. Die Männchen sehen während der Brutzeit je nach Region unterschiedlich aus: In Teilen Äthiopiens haben sie einen weißen Bauch, in Mosambik einen gelben und in Uganda einen orange-gelben. Der äußerst aktive Ziernektarvogel sucht Blätter und Blüten nach Insekten und Spinnen ab oder saugt Nektar aus Blüten, wobei er manchmal über ihnen schwebt. Außerdem fängt er auch Insekten im Flug.

Männliche Ziernektarvögel pflegen auf Ansitzen ihre Schwanzfedern aufzufächern und zu singen. Wie ihre Bauchfärbung variieren auch die Gesänge dieser Vogelart regional. Sie bestehen aber in der Regel aus zwei bis sieben einleitenden Tönen, gefolgt von einem rasselnden Geschnatter: *tsweuip-tsweuip-tsweuip-tsweuip-chatatatatatatatata* oder *te-tch-weee te-tch-weee te-tch-weee cha-cha-cha-cha-cha-cha-cha*. Zu den häufigen kurzen Rufen gehören *chip* und *chop*, die Partner zwitschern sich oft gegenseitig ein wiederholtes *zi-zi-zi-zi* zu.

ELSTERWÜRGER

– Urolestes melanoleucus –

Das harsche *chahh-chahh-chahh*,
das beide Geschlechter das ganze Jahr über von sich geben.

Die lärmigen und sehr geselligen Elsterwürger sind im östlichen und südlichen Afrika heimisch. Mit ihrer stattlichen Größe, der auffälligen Schwarz-Weiß-Färbung und dem langen Schwanz fallen sie in den von ihnen bevorzugten Waldgebieten und offenen, parkähnlichen Savannen auf. Meist halten die Elsterwürger in Gruppen von bis zu einem Dutzend Tieren von Ästen, Zaunpfählen oder Stromleitungen aus Ausschau nach Insekten, Mäusen und kleinen Reptilien am Boden. Wenn sie dort Beute entdeckt haben, stürzen sie herab, packen sie und bringen sie zum Ansitz zurück, um sie zu verzehren. Gelegentlich fressen die Elsterwürger auch Früchte. Ihr Revier verteidigen sie in Gruppen, indem sie sich mit gesenktem Kopf eng nebeneinander setzen, ihre Flügel und Schwänze heben und laut pfeifen.

Der Gesang des Elsterwürgers besteht aus wohlklingenden, hellen Pfiffen, die wie *teeeyoo, tooeeyoo* und *tuweer* klingen und über längere Zeit pausenlos wiederholt werden. Die Duette der Elsterwürgerpaare beginnt das Männchen mit einem tiefen *teelooo*, worauf das Weibchen mit einem ähnlichen, aber höheren Ruf antwortet. Die häufigste Lautäußerung der Art ist ein raues *chahh-chahh-chahh* oder *chack-chack-chack*, eine weitere wurde als *needle-boom-needle-boom ... come here, come here* beschrieben.

KAPHONIGVOGEL

– Promerops cafer –

Das ständig wiederholte *chit* ist typisch für den Kaphonigvogel.

Die Familie der langschwänzigen Honigvögel umfasst nur zwei Arten, die beide im südlichen Afrika heimisch sind und mitunter als Aushängeschild der Fauna dieser wunderschönen Region herangezogen werden. Die männlichen Kaphonigvögel fallen durch ihren deutlich längeren, gewellten Schwanz ins Auge. Die Art kommt nur im Südwesten der Republik Südafrika vor und beschränkt sich dort auf das Biom der Fynbos, denn nur hier wachsen die Zuckerbüsche (*Protea*), deren Nektar sie sammelt. Außer Nahrung bieten diese Silberbaumgewächse dem Vogel auch Unterschlupf, dienen als Nistplatz und liefern dazu gleich noch das Nistmaterial. Kaphonigvögel sind meist in Paaren oder kleinen Familiengruppen auf Zuckerbuschblüten anzutreffen, aus denen sie mit ihren langen, dünnen Schnäbeln und Saugzungen Nektar saugen. Sie fressen außerdem Spinnen und kleine Insekten wie Käfer und Fliegen, die sie auf den Blüten finden.

Die langen und komplexen Gesänge der Kaphonigvögel bestehen aus kratzenden, knirschenden und eher flüssig klingenden Lautäußerungen. Diese sind in der Regel mit harten *chit* durchsetzt: *tschaak-tschayli-chitchit, tchit-tschaluwit-tscheeluwo-cho, tschaak-tscha-witchi-chut*. Zu seinen kurzen Rufen gehören ein blechernes *tcheenk-tcheenk* und ein schnelles *skwidge-skwidge* oder *skeedge-skeedge*. Als Alarmrufe dienen *tweet-tweet* und ein raues, keuchendes *ssssssrrrr*.

WEISSSCHOPF-BRILLENWÜRGER

– Prionops plumatus –

Die im Chor vorgetragenen undeutlichen Laute
der Weißschopf-Brillenwürger.

Die acht Brillenwürgerarten kommen alle nur in Afrika vor. Ihren Namen
verdanken die Vögel den auffälligen Hautlappen, die die Augen wie eine Brille
umrahmen. Markant sind auch die steifen, borstenartigen Kopffedern. Der
Weißschopf-Brillenwürger bevorzugt in seiner Heimat südlich der Sahara die
Baumsavanne als Lebensraum, bewohnt aber auch Waldränder und offene
Flächen mit Sträuchern und Baumpflanzungen. Diese Vögel suchen die
Gesellschaft ihrer Artgenossen und leben in Gruppen von zehn oder mehr
Tieren. Sie bewegen sich tagsüber hintereinander von Baum zu Baum und
suchen Äste, Blätter und Stämme nach Insekten ab. Auch am Boden finden
sie Nahrung wie Spinnen, Geckos und andere kleine Reptilien sowie Früchte.
Brillenwürger brüten in Kolonien, doch nur das dominante Paar nistet; die
anderen Vögel helfen bei der Aufzucht der Jungen.

Vogelkundler hören die Weißschopf-Brillenwürger nicht selten als lauten Chor
ihr ständig wiederholtes, oft in der Tonhöhe abfallendes *kirro, chrreei, jeeup* oder
chirrow singen, durchsetzt mit Tschilpen und Geschnatter. Die Vögel zwitschern
auch oft, wenn sie Nahrung oder gutes Nistmaterial finden.

MASKENPIROL
– Oriolus larvatus –

Das typische *pooodleeoo* eines Maskenpirols.

Der hübsche Maskenpirol mit dem gelb-schwarzen Federkleid ist im östlichen und südlichen Afrika heimisch. Er bevorzugt Waldränder, geschlossene und lichte Wälder, Buschland und Gärten in der Nähe von Gewässern und wird typischerweise in Paaren oder allein gesichtet. Der Vogel ernährt sich von Insekten, die er auf den Blättern der Kronen größerer Bäume findet, von Beeren und Früchten, die er von kleinen Bäumen und Sträuchern pickt, und von Raupen, seiner Lieblingsspeise, nach denen er den Boden absucht. Letztere nimmt er mit zu einem Ansitz und schlägt sie zu Brei, bevor er sie verschlingt.

Maskenpirole singen besonders in den frühen Morgenstunden gern und über längere Zeit. In der Regel stimmen sie dabei eine schnelle Folge von drei bis sechs Tönen mit einer Gesamtlänge von etwa zwei Sekunden an, die sich mitunter wie *tuu-ga-wak-kok, wok-chu-wek, kik-chu-woou-ku-puwa, tiau-tor-te-wah* oder auch *uncle HUGH, go FAR* anhört. Der häufigste Ruf dieser Vögel ist ein hoher, abfallender Pfiff, der wie *peeo* oder *p'wew* oder auch *pooodleeoo* klingt.

DREIFARBEN-GLANZSTAR

– Lamprotornis superbus –

Ein Ausschnitt aus dem Gesang eines Dreifarben-Glanzstars.

Der Dreifarben-Glanzstar mit seiner tiefblauen Brust gehört zu den schönsten Staren Afrikas. Im Osten des Kontinents ist er von Äthiopien im Norden bis Tansania im Süden heimisch und lebt als geselliger Vogel oft in kleinen Schwärmen. Er bevorzugt offenes, trockenes und halbtrockenes Gelände wie lichte Wälder, Savannen und Grasland. In der Nachmittagshitze verstecken sich diese Vögel gern im Laub der Bäume, sonst suchen sie auf dem Boden nach Nahrung, die vor allem aus Insekten, aber auch Früchten, Beeren, Blüten und Samen besteht.

Der Gesang der Dreifarben-Glanzstare ist lang und weitschweifig. Er besteht aus vielen Einzeltönen, zu denen meist *weeoo-chu* und ein schnell abfallendes *cheeooo* gehören. Wenn sie aufgeregt sind, geben sie oft ein in die Länge gezogenes *whit-chor-chi-vii* von sich. Ihr Warnruf ist *chirrrr*.

ROTSCHNABEL-MADENHACKER

– Buphagus erythrorhynchus –

Zwei typische Rufe des Rotschnabel-Madenhackers: *tssssaaaa* und *tsik-tsik*.

Die afrikanische Vogelfamilie und -gattung der Madenhacker umfasst nur zwei Arten, deren Lebensweise bemerkenswert ist, aber manchem Beobachter leicht unappetitlich vorkommen mag: Sie leben in Symbiose mit großen, grasenden Säugetieren und fressen Zecken, Läuse, Blutegel und andere Parasiten, die jene befallen haben. Mit ihren scharfen, gekrümmten Krallen können sie sich gut im Fell von Giraffen, Büffeln und Zebras und in der Haut von Nashörnern festhalten – ihren bevorzugten Jagdgründen. Meist putzen sie diese Säugetiere in Trupps von vier bis acht, wenn jene größer sind aber auch in Gruppen mit bis zu 20 dieser geselligen Vögel. Das Verbreitungsgebiet des Madenhackers reicht von Eritrea bis ins nördliche Südafrika.

Madenhacker zischen lange und scharf – *zzhaaaaa*, *ssshhhhh* und *tssssaaaa* –, manchmal begleitet von anderen Lautäußerungen, die wie *tsik-tsik* oder *trik-trik* klingen.

WALDWEBER

– Ploceus bicolor –

Mit diesem Gesang aus Pfeif- und Summtönen
versucht der Waldweber eine Partnerin anzulocken.

Die kleinen Webervögel kommen in Afrika und Asien vor und flechten kunstvolle, überdachte Nester aus Gras oder anderen Pflanzen. In ihrer Heimat trifft man nicht selten auf Bäume, die mit Webernestern behangen sind. Das runde Nest des Waldwebers besteht aus groben, trockenen Ranken und Gras, sein Eingang hängt wie ein Schnabel herunter. Der gelb und dunkelbraun gefärbte Vogel mit den roten Augen bewohnt weit verstreute bewaldete Gegenden in der Südhälfte Afrikas. Er lebt in der Regel in Paaren oder kleinen Familienverbänden von bis zu fünf Tieren und sucht im mittleren Bereich von Baumkronen nach Nahrung. Der Webervogel ernährt sich hauptsächlich von Insekten wie Käfern, Raupen und Fliegen, frisst aber auch Spinnen, gewisse Früchte, Nektar und Blumen.

Der einzigartige Gesang des Webervogels besteht meist aus drei bis zehn Pfeiftönen, denen manchmal einige schnarrende oder schnipsende Töne vorausgehen. Er wird von beinahe jedem Beobachter anders beschrieben, beispielsweise als *uh-wuh, uh-wuh-wou, wizzzzz* oder *hui-hu, hui-hu, gsssssiuuuuin* oder auch *ronh, roonh, raank, rernh, reenh*. Ein weiterer Zuhörer gab ihn mit *wer-chee-widdy, wer-chee-widdy* wieder. Mitunter flechten die Weber quietschende oder blökende Laute in ihren Gesang ein.

DOMINIKANERWITWE

– Vidua macroura –

Einige Töne aus dem Balzgesang eines Dominikanerwitwenmännchens.

Die Witwenvögel haben prächtige lange Schwänze und sind Brutparasiten: Sie legen ihre Eier in die Nester anderer Arten, die diese dann ausbrüten und ihre Jungen aufziehen. Die elegante Dominikanerwitwe bevorzugt Sperlingsvögel, die zur Familie der Prachtfinken gehören, als Brutwirt. Sie ist in weiten Teilen Afrikas südlich der Sahara verbreitet und bevorzugt grasbewachsenes, offenes Gelände mit vereinzelten Büschen oder Bäumen, aber auch Wälder, Ackerflächen und Gärten. Witwenvögel ernähren sich hauptsächlich von Grassamen und scharren dazu den Boden auf, um die Samen freizulegen und aufzusammeln. Gelegentlich fangen sie auch fliegende Termiten. In der Fortpflanzungszeit haben die Männchen auffällig lange Schwanzfedern, im Schlichtkleid sind sie wie die Weibchen braun gefärbt und sehen Sperlingen ähnlich.

Der Gesang der Dominikanerwitwe besteht aus einer unregelmäßigen Folge von *tsip, tse-tsuc, tyap, tsrrr, wee, tip, jaa*. Manchmal kann man auch Quietsch- und Zirplaute oder Pfiffe wie *tee-yew* hören. Sowohl die Männchen als auch die Weibchen geben schroffe, schnatternde Laute von sich, wobei die Männchen insbesondere Eindringlinge anschnattern: *whit-whit-whit* oder *chee-chee-chee*. Im Flug stoßen Dominikanerwitwen oft ein scharfes *chip-chip!* aus.

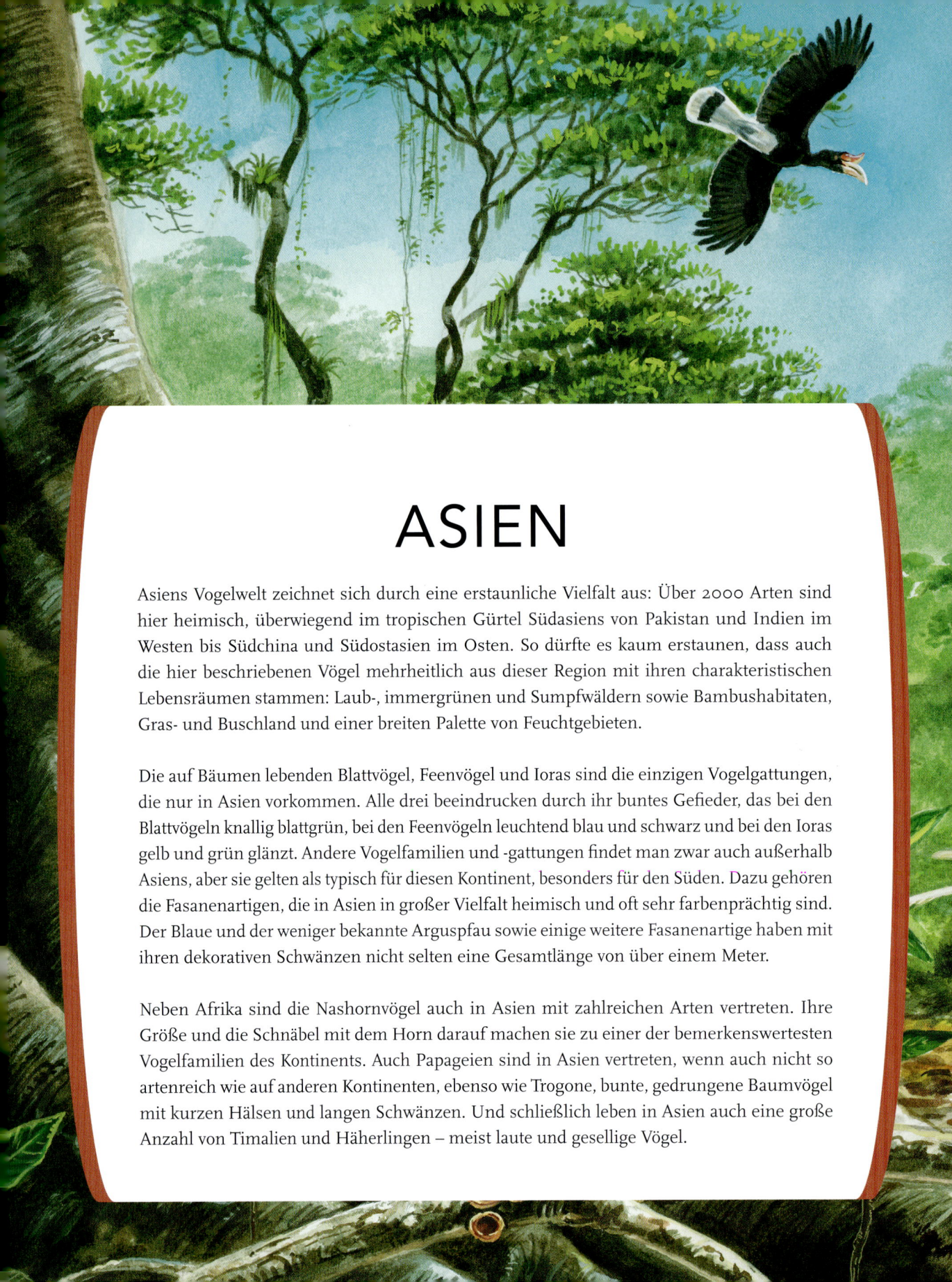

ASIEN

Asiens Vogelwelt zeichnet sich durch eine erstaunliche Vielfalt aus: Über 2000 Arten sind hier heimisch, überwiegend im tropischen Gürtel Südasiens von Pakistan und Indien im Westen bis Südchina und Südostasien im Osten. So dürfte es kaum erstaunen, dass auch die hier beschriebenen Vögel mehrheitlich aus dieser Region mit ihren charakteristischen Lebensräumen stammen: Laub-, immergrünen und Sumpfwäldern sowie Bambushabitaten, Gras- und Buschland und einer breiten Palette von Feuchtgebieten.

Die auf Bäumen lebenden Blattvögel, Feenvögel und Ioras sind die einzigen Vogelgattungen, die nur in Asien vorkommen. Alle drei beeindrucken durch ihr buntes Gefieder, das bei den Blattvögeln knallig blattgrün, bei den Feenvögeln leuchtend blau und schwarz und bei den Ioras gelb und grün glänzt. Andere Vogelfamilien und -gattungen findet man zwar auch außerhalb Asiens, aber sie gelten als typisch für diesen Kontinent, besonders für den Süden. Dazu gehören die Fasanenartigen, die in Asien in großer Vielfalt heimisch und oft sehr farbenprächtig sind. Der Blaue und der weniger bekannte Arguspfau sowie einige weitere Fasanenartige haben mit ihren dekorativen Schwänzen nicht selten eine Gesamtlänge von über einem Meter.

Neben Afrika sind die Nashornvögel auch in Asien mit zahlreichen Arten vertreten. Ihre Größe und die Schnäbel mit dem Horn darauf machen sie zu einer der bemerkenswertesten Vogelfamilien des Kontinents. Auch Papageien sind in Asien vertreten, wenn auch nicht so artenreich wie auf anderen Kontinenten, ebenso wie Trogone, bunte, gedrungene Baumvögel mit kurzen Hälsen und langen Schwänzen. Und schließlich leben in Asien auch eine große Anzahl von Timalien und Häherlingen – meist laute und gesellige Vögel.

BRAUNER PFAUFASAN

– Polyplectron germaini –

Der rasselnde Ruf dieser Art entspricht so gar nicht ihrer Scheuheit.

Der scheue, mittelgroße Braune, Annam- oder Germain-Pfaufasan kommt im Süden Vietnams und im Osten Kambodschas vor. Der hühnerähnliche Vogel hat eine mattrote Gesichtshaut, während sein braunes Gefieder zahlreiche in Blau- und Grüntönen irisierende Augenflecken zieren. Er lebt in feuchten Bambuswäldern in niedrigen und mittleren Höhenlagen. Auf der Suche nach Nahrung spaziert der Braune Pfaufasan langsam und beinahe lautlos über den Waldboden, scharrt ihn mit den Krallen auf und dreht Blätter um. Er frisst vor allem Früchte, Beeren, Blätter, Triebe und kleine Tiere wie Insekten und Schnecken. In seinen weit verstreuten Heimatregionen ist er infolge Bejagung und landwirtschaftlicher Nutzung seines Lebensraums bedroht.

Die Lautäußerungen des scheuen und zurückhaltenden Pfaufasans sind nur wenig erforscht. Die rasselnden Rufe der Männchen hören sich wie Schnurren oder Knurren an. Sie wiederholen sie viele Male, mitunter immer lauter und schriller. Ein Beobachter beschrieb sie als *erraarrrrrakak ... aarrrr-akh-akh-akh-akh ... AKH-AKH-AKH-AKH.*

ARGUSFASAN

– Argusianus argus –

Mit seinem *kwah-WAU* versucht der männliche Argusfasan
ein Weibchen anzulocken.

Die Fasane kommen zwar in weiten Teilen der Welt vor, aber die größte Vielfalt
mit den schönsten Arten herrscht in Asien. Zu den bemerkenswertesten gehört
der nur auf der Malaiischen Halbinsel, auf Sumatra und auf Borneo heimische
Argusfasan. Das Männchen erreicht nicht selten eine Länge von über zwei
Metern, die zum Großteil auf den Schwanz entfallen. Die Schwanzfedern
der Weibchen sind deutlich kürzer. Diese großen, äußerst scheuen Vögel
bevorzugen Tieflandwälder in hügeligen Gegenden. Sie sind oft Einzelgänger
und schreiten auf der Suche nach Nahrung den Waldboden ab. Im Gegensatz
zu vielen anderen Fasanen scharren die Argusfasane den Boden nicht auf oder
wühlen im Laub nach versteckter Nahrung, sondern picken auf, was sie auf
dem Boden finden: große Ameisen und andere Insekten, Blätter und Früchte.

Balzende Argusfasane räumen eine große »Tanzfläche« auf dem Waldboden
frei, rufen die Weibchen herbei und tanzen dann für sie. Dabei stoßen die
Männchen mindestens zwei Arten von lauten, klagenden Rufen aus: ein
unablässig wiederholtes, schallendes *kwah-WAU* oder *kau-WOW* und mit
kurzen Pausen wiederholte hupende oder *wow*-Rufe.

SCHLANGENWEIHE

– Spilornis cheela –

Der Kontaktruf eines Schlangenweihenmännchens.

Die zur Unterfamilie der Schlangenadler gehörende Schlangenweihe sieht man häufig über die Wälder Südasiens segeln – von Indien im Westen bis zur Pazifikküste im Osten. Der Körper des 43 bis 74 Zentimeter langen Vogels ist dunkelbraun gefärbt, und seinen Kopf krönt eine kurze, buschige Kapuze, die er aufrichtet, wenn er alarmiert ist. Die Schlangenweihe bevorzugt ein breites Spektrum von Waldformen als Lebensraum, darunter Mangroven, Baumplantagen und Baumsavannen, und lebt in der Regel als Einzelgänger oder in Paaren. Wie sein Name vermuten lässt, frisst dieser Vogel insbesondere bis zu einem Meter lange Schlangen. Dazu beobachtet er von einem Ansitz am Waldrand, an einer Lichtung oder an einem Wasserlauf aus die umliegenden Bäume und den Boden. Wenn er eine Schlange oder eines seiner anderen Beutetiere wie Eidechsen, Frösche, Krebse, kleine Vögel und Säugetiere erspäht, stürzt er schnell herab.

Schlangenweihen sind stimmgewaltige Raubvögel mit einer Vielzahl von lauten, klaren, sonoren Rufen, darunter Pfiffe und Schreie. Paare, die hoch über bewaldete Gebiete fliegen, halten damit Kontakt, oft im Duett: Beispielsweise beginnt ein Vogel mit einem wiederholten *hurLEEoo,* und der andere antwortet mit einem tieferen *hurLOO-LOO-LOO.*

BRAHMINENWEIH

– Haliastur indus –

Der nasale Ruf eines Brahminenweihs.

Der unverwechselbare, elegante Brahminenweih hat einen kastanienfarbenen Körper, während Kopf und Brust weiß und die Flügelspitzen schwarz gefärbt sind. Der mittelgroße Greifvogel kommt in ganz Südasien und im Norden Australiens vor allem an Flussmündungen, in Feuchtgebieten und an den Küsten vor, bewegt sich aber manchmal auch weit ins Landesinnere. Er bevorzugt die Nähe von Gewässern. Brahminenweihe sind gesellig und verbringen die Nacht mitunter in Gruppen. Sie ernähren sich von Säugetieren, Vögeln, Reptilien, Fröschen, Fischen, Muscheln, Krustentieren und Aas. Oft segeln sie bei der Jagd im Tiefflug über offenes Wasser, Schlammflächen oder Teiche. Sie jagen aber auch von Ansitzen aus, schreiten auf der Suche nach Beute über den Boden, stürzen sich auf fliegende Insekten oder nehmen anderen Vögeln das Futter weg.

Brahminenweihe singen gern, besonders während des Segelflugs. Ihr vielleicht häufigster Ruf ist ein langer, hoher, maunzender Schrei: *kyerrh* oder *kyeeeer*. Zu ihren weiteren Lautäußerungen gehören ein raues oder nasales *nyaoww* und ein kurzes *nyuk-nyuk*, eine längere beginnt mit einem leisen, hohen Ton, unmittelbar gefolgt von einem keuchenden und klingt wie *tsss, herhehhehhehhehhehheh*.

MALAIENKAUZ

– Strix leptogrammica –

Zwei herausplatzende tutende Rufe eines Malaienkauzes.

Der für eine Eule eher große Malaienkauz ist ausschließlich nachtaktiv und in Sri Lanka sowie Teilen Indiens, Chinas und Südostasiens heimisch. Niaskauz, Bergkauz und Bartelskauz gelten entweder als Unterarten des Malaienkauzes oder bilden mit jenem eine Superspezies. Er bevorzugt tropische Wälder im Tiefland – der Berg- und der Bartelskauz in höheren Lagen – und hält sich von Siedlungen fern. Diese Eulen verstecken sich tagsüber auf Ästen hoch oben im dichten Laub. Sie jagen nur nachts, alleine oder in Paaren, vor allem Nagetiere, Spitzmäuse und Fledermäuse, daneben auch Reptilien, große Insekten und kleine Vögel wie Tauben, Mainas und Rebhühner.

In Mondscheinnächten singt der Malaienkauz besonders lautstark – je nach Region leicht anders. Typisch für ihn ist ein kurzes Vibrato, bestehend aus tiefen Rufen, die wie *hu-hu-huhuhrrroo* oder *hoo, hoo-hoo-hoo-hoo* klingen, leise beginnen und immer lauter werden. Zu seinen weiteren gängigen Lautäußerungen gehören ein tiefes *goke-goke-ga-loo* und der bellende Warnruf *wow-wow*. In einigen Regionen geben diese Eulen auch wiederholt und mit einer Pause dazwischen ein einzelnes, herausplatzendes *hooh* von sich, anderswo dagegen ein leises *ho-hooh*, das dem von Tauben ähnelt, oder auch ein schrilles *eeeeooow*.

ALEXANDERSITTICH

– Psittacula eupatria –

Zwei Rufe eines Alexandersittichs auf Nahrungssuche:
kee-ah und *kee-aar*.

Der Alexandersittich ist ein mittelgroßer Papagei mit leuchtend rotem Schnabel, rosarotem Nackenband und langem Schwanz. Sein Verbreitungsgebiet reicht von Pakistan und dem Osten Afghanistans bis nach Südostasien, dort lebt er bevorzugt in Wäldern, Mangroven, Baumplantagen und Parks im Tiefland. Den Tag verbringen diese Vögel in kleinen Gruppen, die Nacht dagegen zu Hunderten, manchmal auch Tausenden in großen Bäumen mit dichtem Blattwerk. In der Morgendämmerung verlassen sie ihre Schlafplätze mit ohrenbetäubendem Gekreische. Der Alexandersittich ernährt sich von Guaven und anderen Früchten, Samen, Blüten, Nektar sowie Blättern bestimmter Bäume. Er sucht auch in Obstgärten und auf Feldern nach Nahrung und richtet dabei manchmal beträchtlichen Schaden an. Der Bestand dieser schönen Vögel schrumpft insbesondere in Südostasien sehr schnell, denn er wird in zunehmendem Maße für den Heimtierhandel gefangen.

Der Alexandersittich ist für seine lauten, schrillen Schreie bekannt, die er oft beim Fliegen von sich gibt und die wie *kee-ah*, *kee-ak* oder *kee-aar* klingen. Zu seinen weiteren häufigeren Lautäußerungen gehören ein lautes, schrilles *trrr-ieuw* und ein knackendes *gr-raak ... gr-raak*.

ROSENSCHWANZTROGON

– Harpactes wardi –

Der Gesang des Rosenschwanztrogons besteht
aus schnell nacheinander wiederholten *klu*-Rufen.

Der auffällige Rosenschwanztrogon kommt vor allem im östlichen Himalajagebiet und angrenzenden Gebirgsregionen von Bhutan und Nordostindien über Myanmar und Südwestchina bis nach Nordwestvietnam vor. Diese recht seltenen Vögel bewohnen hohe, dichte Wälder und Bambusgehölze. Die Rosenschwanztrogone ernähren sich von großen Insekten wie Nachtfaltern, Heuschrecken und Stabheuschrecken sowie von Früchten, Beeren und großen Samen. Wie andere Trogonarten leben auch sie die meiste Zeit allein oder in Paaren. Sie sind scheu, fliegen aber beim Zusammentreffen mit Menschen nicht unbedingt weg. Beim Männchen sind Kopf, Brust und Oberseite in Grautönen gefärbt und schimmern kastanienbraun, beim Weibchen sind diese Partien olivfarben. Die Stirn, die Unterseite und die Außenseite des Schwanzes leuchten beim Männchen rot und beim Weibchen gelb.

In Gegenwart von Beobachtern bleiben Rosenschwanztrogone meist still. Ihre häufigste Lautäußerung ist eine Folge schneller, sonorer, weicher Töne, die wie *klu-klu-klu-klu* klingen und deren Tempo und Tonhöhe sich mit der Zeit leicht ändern. Ein schroffes *whirr-ur* dient ihnen unter anderem als Warnruf. Gelegentlich geben diese Trogone auch ein eichhörnchenähnliches Keckern von sich.

HEULBARTVOGEL

– Megalaima virens –

Als Warnruf dient beiden Geschlechtern
des Heulbartvogels ein gellendes *keeah*.

Die vier Bartvogelfamilien kommen in Afrika, Amerika und Asien vor und gehören zu den schillerndsten Vögeln der Welt, denn sie sind wunderschön und oft fabelhafte Sänger. Der größte unter den Asiatischen Bartvögeln ist der Heulbartvogel, dessen Verbreitungsgebiet vom nordöstlichen Pakistan und nordwestlichen Indien bis nach Ostchina und Südostasien reicht. Mit seinen prächtigen Farben, dem großen, kräftigen Schnabel und dem leicht untersetzten Körperbau kann man ihn kaum verwechseln. Bartvögel bevorzugen Wälder, insbesondere an Talhängen als Lebensraum. Während der Brutzeit trifft man sie in der Regel allein oder paarweise an, außerhalb versammeln sie sich oft in Gruppen von 30 oder mehr Tieren an Nahrungsquellen. Bartvögel fressen Früchte, der Heulbartvogel vor allem Feigen und Wildpflaumen, aber auch Beeren, Blütenteile und Baumknospen sowie Insekten nicht verschmäht.

Männchen und Weibchen singen während der Brutzeit häufig – oft gleichzeitig oder nacheinander im Duett, nicht selten den ganzen Tag über, vor allem aber in der Abenddämmerung. In einigen Gegenden des Himalaja gehört der Gesang des Heulbartvogels zu den charakteristischen Geräuschen. Beim Männchen besteht dieser aus einer Reihe von lauten, schrillen *kee-aar-*, *kay-oh-* und *peeao-*Tönen, beim Weibchen aus einem schnell aufeinanderfolgenden *piou-piou-piou*. Als Warnruf dient beiden Geschlechtern ein raues, knirschendes *keeah*.

STORCHSCHNABELLIEST

– Pelargopsis capensis –

Der häufigste Ruf des Storchschnabelliests ist *kak-kak-kak-kak*.

Der Storchschnabelliest mit seinem großen roten Schnabel gehört zu den Eisvögeln und ist in Indien, Sri Lanka und weiten Teilen Südostasiens heimisch. Seine Färbung variiert von Region zu Region: Der meist bräunliche Kopf ist in Teilen der Philippinen und einigen anderen Gebieten weiß – genau wie der üblicherweise sandfarben oder rotbraun gefärbte Bauch. Der Storchschnabelliest bevorzugt feuchtes, bewaldetes Gelände im Tiefland an den Ufern großer, langsamer Flüsse und Seen, aber auch Reisfelder, Meeresküsten und Mangroven. Oft hält er von einem Ast über dem Wasser aus Ausschau nach Beute, die er im Sturzflug im Wasser oder an Land fängt und zu seinem Ansitz zurückbringt. Dort betäubt er sie, indem er einige Male auf sie einschlägt, bevor er sie auffrisst. Dieser Eisvogel ernährt sich hauptsächlich von Fischen und Krebsen, aber auch von Käfern, Fröschen, Eidechsen, kleinen Vögeln und Nagetieren.

Der Storchschnabelliest ist sehr lautstark und deshalb kaum zu überhören. Zu seinen typischen Rufen gehört ein raues, gackerndes *kak-kak-kak-kak*, *ke-ke-ke-ke* oder *kie-iek, kie-iek, kie-iek*. Sein schrilles Lachen, das er meist im Flug ausstößt, klingt wie *kiu-kiu, kee-kiu* oder *wiar-wau, wir-wau*, ein weiterer Ruf ist ein wohlklingendes *peer ... peer ... purr*.

RHINOZEROSVOGEL

– Buceros rhinoceros –

Der typische, hupende Ruf eines Rhinozerosvogels in den Baumkronen des Regenwaldes.

Wer als Vogelkundler nach Südostasien reist, bei dem steht der Rhinozerosvogel, der auf der thailändischen Halbinsel, in Malaysia sowie auf Sumatra, Java und Borneo heimisch ist, sicher ganz oben auf der Liste. Der Vogel erreicht eine Größe von 80 bis 90 Zentimetern und fällt insbesondere durch den hohlen, nach oben gerichteten Hornaufsatz auf seinem großen, weißen Schnabel auf. Er brütet meist paarweise und lebt danach in kleinen Gruppen. Beobachter haben jedoch auch schon Schwärme von zwei Dutzend oder mehr Tieren gesichtet. Wie andere Nashornvögel ernährt sich auch der Rhinozerosvogel vor allem von Früchten, bevorzugt von Feigen, die im Regenwald in großer Vielfalt vorkommen. Außerdem frisst er Insekten, Laubfrösche, Eidechsen und Vogeleier, die er hauptsächlich auf Bäumen, aber auch am Boden findet. Die prächtigen Vögel haben nur in Gebieten mit vielen großen alten Bäumen überlebt.

Bevor sie sich in die Lüfte erheben und oft auch noch nach dem Abheben stoßen die Nashornvögel Rufe aus, die wie *ger-honk* oder *ger-ronk* klingen. Auf ihren Ansitzen singen Paare oft Duette aus tiefen, lautstarken Rufen: Die Männchen geben mit *hok* den Ton an, die Weibchen antworten mit einem höheren *hak*; zusammen klingt ihr Gesang wie *hok-hak, hok-hak, hok-hak*.

WEISSBAUCHSPECHT

– Dryocopus javensis –

Der häufigste Ruf des Weißbauchspechts ist ein hervorberstendes *kiauk*.

Der große, auffällige Weißbauchspecht ist in Indien, Südostasien, Südwestchina und Korea heimisch. Er bevorzugt bewaldete Lebensräume – wie Kiefern- und Bambuswälder sowie deren Ränder – mit vielen toten und morschen Bäumen, in denen er die meiste Nahrung findet. Weißbauchspechte leben in der Regel in Paaren oder in kleinen Gruppen. Sie suchen Bäume nach Nahrung ab, meist von unten nach oben, finden diese aber auch in Sträuchern, auf umgestürzten Baumstämmen oder auf dem Boden. Dazu gehören Käfer und deren Larven, große Ameisen, Termiten und andere Insekten sowie gewisse Früchte. Wie andere Spechte klopfen sie mit dem Schnabel auf die Baumrinde, um an die darunter versteckten Insekten zu kommen, indem sie Rindenstücke wegbrechen und tiefe Löcher in die Bäume hacken.

Der charakteristische Ruf des Weißbauchspechts ist ein einzelnes, hervorberstendes *kiauk, kyah, kiyow* oder *keer*. Im Flug oder auf dem Ansitz stößt er ein längeres, stakkatoartiges *kiau-kiau-kiau-kiau* oder *kek-ek-ek-ek-ek* aus. Weißspechtpaare rufen einander gegenseitig leise ein tiefes *ch-wi, ch-wi, ch-wi* zu. Auch diese Spechte trommeln laut an die Bäume.

SULTANSPECHT

– Chrysocolaptes lucidus –

Der typische Ruf des Sultanspechts
klingt metallisch und klappernd.

Der mittelgroße Sultanspecht mit der spitzen, bei den Männchen leuchtend roten Federhaube und dem langen Schnabel fällt durch das dekorative Schwarz-Weiß-Muster an Hals und Unterseite noch zusätzlich auf. Er ist in Nepal, Indien, Südchina, Südostasien und auf den Philippinen heimisch und bevorzugt Wälder und deren Ränder sowie Mangroven, sucht aber auch gern alte Plantagen mit morschen Teak- oder Kautschukbäumen auf. Nach Nahrung sucht der Sultanspecht meist in Paaren oder Familienverbänden in großen Bäumen, sowohl lebenden als auch toten, und nur sehr selten auf dem Boden. Dazu hackt er mit dem Schnabel Löcher ins Holz, um an Raupen, Ameisen, die Larven holzbohrender Käfer und Insekten zu kommen.

Der häufigste Ruf der Sultanspechte ist ein kurzes, einfaches *keek* oder *kik*, doch viel bekannter sind sie für ihr schnelles, leicht metallisch klingendes Rasseln, das wie *tibittititititit* oder *kilkilkitkitkitkit* klingt. Zu den häufigen Lautäußerungen gehören ferner *kowk-kowk* oder *ke-dew-kow*, die dieser Specht oft im Flug immer wiederholt – wie auch ein stakkatoartiges *tyu-tyu-tyu*. Wenn zwei Sultanspechte nahe beieinander sind, rufen sie manchmal mehrmals hintereinander *t-wuit-wuit*.

JAVABINDENPITTA

– Pitta guajana –

Pouw-Rufe des Javabindenpittas
zur Markierung seines Reviers.

Die nur wenig erforschten Pittas gehören zu den prachtvollsten Vögeln der Welt und deshalb auch zu den Topfavoriten der Vogelfreunde. Die Familie kommt in Afrika, Südasien und Australien vor, der Javabindenpitta mit seiner auffälligen Bauchmusterung in Thailand, Malaysia und Indonesien. Er lebt dort in Wäldern im Tiefland, bevorzugt in der Nähe von Kalksteinfelsen. Wie andere Pittas ist er sehr scheu und außerdem vor dem Hintergrund des dunklen Waldbodens schwer zu erkennen. Javabindenpittas suchen dort nach Insekten wie Ameisen, Termiten und Käfern sowie Raupen ab und scharren gelegentlich im Laub. Sie fressen auch Regenwürmer, Schnecken und bestimmte Beeren. Die Bestände dieser wunderschönen Vogelart nehmen leider infolge der Zerstörung ihres Lebensraums und der Beliebtheit des Vogels im Zoohandel schnell ab.

Javabindenpittas bekommt man viel öfter zu Gehör als zu Gesicht. Ihre Lautäußerungen variieren von Region zu Region leicht, zu den typischen Rufen gehört ein abfallendes, leicht explosives *pouw*, *poww* oder *hwow*, das sie in kurzen Abständen wiederholen. Womöglich als Warnrufe geben diese Vögel auch kurze, sirrende Laute von sich: *kirrr* oder *pprrr*. Einige Beobachter haben auch von einem leisen *whup* berichtet.

ROSENKOPF-BREITRACHEN

— Eurylaimus javanicus —

Ein kurzes *wheeoo*, gefolgt von einem langen Triller –
der typische Ruf dieser Art.

Die gedrungen wirkenden Breitrachen mit ihren charakteristischen großen Köpfen und Augen sowie den namensgebenden breiten Rachen leben in Wäldern. Mit seinem Gefieder in Lila, Schwarz und Gelb ist der Rosenkopf-Breitrachen ein gutes Beispiel für die prächtigen Farben der meisten Arten. Er kommt in weiten Teilen Indonesiens und im übrigen Südostasien vor, wo er Baumbestände an Flüssen, Bächen und Sümpfen bevorzugt, aber auch in alten Plantagen sowie Parks und Gärten lebt. Rosenkopf-Breitrachen fressen Insekten wie Heuschrecken, Grillen, Käfer und Raupen sowie Spinnen, kleine Schnecken, etwas Obst und gelegentlich auch kleine Eidechsen. In Paaren oder kleinen Gruppen halten sie regungslos von einem Ansitz in einem Baum aus nach lebender Nahrung Ausschau. Haben sie etwas zu fressen entdeckt – meist im Laub –, fliegen sie auf und fangen ihre Beute.

Die typische Lautäußerung der Rosenkopf-Breitrachen beginnt mit einem kurzen *wheeoo*, dem ein bis zu fünf Sekunden langer, in der Tonhöhe ansteigender Triller folgt. Manchmal singen diese Vögel auch im Duett, wobei der zweite wie bei einem Kanon kurz nach dem ersten beginnt. Zu ihren längeren Rufen gehört auch ein kläffendes *keek-eek-eek*, zu den kurzen ein nasales *whee-u*.

ELFENBLAUVOGEL

– Irena puella –

QUIT-QUIT, der Warnruf eines Elfenblauvogels.

Der Elfenblauvogel, auch Türkisfeenvogel oder Türkis-Irene genannt, gehört zu den schillerndsten Vögeln Südasiens. Mit seinem glänzend tiefschwarzen und leuchtend blauen Gefieder ist das Männchen in den grünen Baumkronen leicht zu erkennen, während das Weibchen eine stumpfere, türkisblaue und graue Färbung hat. Der kräftig gebaute Elfenblauvogel bewohnt tropische und subtropische Wälder von Indien über Südostasien bis nach Borneo und Java. Er lebt oft allein oder in Gruppen von bis zu acht Tieren, bevorzugt in den mittleren bis oberen Stockwerken von Bäumen, nicht selten in gemischten Schwärmen. Elfenblauvögel ernähren sich auf Ästen sitzend oder indem sie im Laub umherfliegen von kleinen bis mittelgroßen Früchten, hin und wieder auch von Blütennektar. Manchmal fangen sie auch fliegende Termiten.

Die Lautäußerungen der Elfenblauvögel bestehen hauptsächlich aus lauten, pfeifenden oder fließenden Tönen. Ihr Gesang klingt wie *do-re-me-hew-hew-hew* und *tu-lip, wae-waet-oo*. Von den zahlreichen Rufen dieser Art enthalten einige knallende Laute wie *QUIT-QUIT!* Auf Nahrungssuche im dichten Laub rufen sie unter anderem halblaut *weet-weet* oder *what's-it*.

SCHARLACHMENNIGVOGEL

– Pericrocotus flammeus –

Der Gesang des Scharlachmennigvogels.

Der kleine Scharlachmennigvogel mit dem langen Schwanz und der beinahe aufrechten Sitzhaltung erfreut sich bei Vogelfreunden nicht nur wegen der leuchtend orangeroten und schwarzen Färbung des Männchens, sondern auch wegen seines Temperaments großer Beliebtheit. Sein Verbreitungsgebiet reicht von der indischen Himalaja-Region über Südostasien bis auf die Philippinen. Auch die leuchtend gelbe und graue Färbung der Weibchen ist auffällig. Außerhalb der Brutzeit fliegen die Scharlachmennigvögel in Schwärmen von bis zu 30 Tieren durch die Baumkronen und bezaubern Beobachter mit dem Farbenspiel ihrer Schwanz- und Flügelmuster. Scharlachmennigvögel bevorzugen neben Wäldern auch Obstgärten und Parks mit vielen hohen Bäumen als Lebensraum. Sie ernähren sich vor allem von Zikaden, Heuschrecken, Grillen und anderen Insekten sowie Raupen, die sie im Laub der Bäume finden oder im Flug fangen. Außerdem suchen diese Vögel Bäume mit reifen Früchten auf, die Insekten anlocken, und schweben über Blüten, in denen sich Käfer verstecken.

Der meist recht einfache Gesang des Scharlachmennigvogels besteht aus klaren, durchdringenden Pfeiftönen, die von Beobachtern als *weep-weep-weep-wit-wip*, *sweep-sweep-sweep-sweep* oder *swEEET-swEEET-swEEET* beschrieben werden. Manchmal wiederholen diese Vögel auch einzelne Töne wie *sweep*.

ORANGEBAUCH-BLATTVOGEL

– Chloropsis hardwickii –

Der Ruf des prachtvollen Orangebauch-Blattvogels
ertönt von einem Baumwipfel in Asien.

Als eindrucksvolle Symbole ihrer südostasiatischen Heimat zieren Blattvögel nicht selten die Umschläge von Büchern über die Vogelwelt dieser Region. Alle elf Arten sind teilweise leuchtend blattgrün gefärbt. Das Männchen des Orangebauch-Blattvogels mit seiner dem Namen entsprechenden orangen Unterseite und der schwarzen Maske, die dem Weibchen fehlt, gilt als besonders schön. Dieser Vogel bewohnt die Wälder in Südostasien, Südchina und Nordindien und ist im grünen Laub nur schwer auszumachen. Allein, zu zweit oder in kleinen Gruppen sucht er auf den äußeren Blättern nach Spinnen, Insekten und Raupen, während er Motten und Schmetterlinge in der Luft fängt. Blütennektar und Obst ergänzen seinen Speiseplan. Kleine Früchte schluckt er ganz, während er größere mit dem Schnabel aufhackt und zerdrückt.

Von ihren freien Ansitzen hoch oben in den Bäumen tragen die Orangebauch-Blattvögel melodiöse Gesänge vor. Sie sind sehr abwechslungsreich und werden unterschiedlich wiedergegeben: *tshiwatshishi-watshishi-watshishi*, *brechu preep brechu-brechu-choo-pia* und *kipper-kipper-kipper che ayeya-bing*. Zu den kurzen Rufen gehören ein undeutliches *fweeew-whew* und ein keuchendes *frease*.

SCHACHWÜRGER

– Lanius schach –

Ein Beispiel für den Werbegesang des Schachwürgers.

Der mittelgroße Schachwürger mit dem auffallend langen Schwanz ähnelt in seinem Verhalten einem kleinen Falken. Wie andere Würger fängt er Mäuse, kleine Vögel, Eidechsen, Frösche, Krebse oder auch große Insekten, um sie auf Dornen oder anderen scharfen Gegenständen aufzuspießen oder in Felsspalten einzuklemmen. Das tun diese Vögel, um die Beute leichter zerteilen und fressen zu können und um sie für den späteren Verzehr aufzubewahren. Der Schachwürger hält von einer erhöhten Warte aus Ausschau nach Beute. Hat er etwas entdeckt, fliegt er zum Boden und schnappt es sich. Kleine Beutetiere verschlingt er sofort, größere bringt er zu seinem Ansitz zurück, um sie dort zu zerlegen und zu fressen oder auch aufzuspießen. Das Verbreitungsgebiet des Schachwürgers ist riesig und reicht von Afghanistan, Pakistan und Indien über China und Südostasien bis nach Neuguinea. Er bevorzugt offenes Gelände, sucht aber häufig auch Waldränder, Lichtungen, Straßenränder und Gärten auf.

Der Gesang des Schachwürgers besteht aus kratzenden, trällernden Tönen, typischerweise durchmischt mit nachgeahmten Lautäußerungen anderer Vogelarten. Zu seinen Rufen gehören ein nasales, nach unten verschliffenes *nyaow, nyaow* und ein raues, summendes *grennh-grennh* oder *grzzzh-grzzzh*. Ein Warnruf klingt wie ein lang gezogenes *chaak-chaak*.

RUSSBÜLBÜL

– Pycnonotus cafer –

Der charakteristische Gesang
eines Rußbülbülmännchens.

Die vor allem in den Tropen Asiens und Afrikas heimischen Bülbüls sind sehr anpassungsfähig, wie ihre erfolgreiche Besiedlung von Gebieten belegt, in die sie der Mensch eingeführt hat. So kommt der ursprünglich in Südasien heimische Rußbülbül heute auch auf Fidschi, Hawaii und anderen Pazifikinseln vor. Er bevorzugt trockene, offene Lebensräume wie Busch- und Grasland, Obstplantagen, Gärten und Wegränder. Hier sucht er paarweise oder in kleinen Gruppen in Bäumen oder Büschen nach Nahrung, die hauptsächlich aus Früchten, aber auch aus Insekten und Nektar besteht.

Aufgrund ihres gefälligen Gesangs sind die Bülbüls in ihrer Heimat beliebte Käfigvögel. Die Gesänge des Rußbülbüls klingen wie *kreink-ker-grr*, *be-quick-quick* oder *be-care-ful*. Zu seinen Rufen gehören ein anhaltendes *peep-peep-peep* und ein raues *tik-jhurrh*.

WANDERBAUMELSTER

– Dendrocitta vagabunda –

Typische Lautäußerungen
einer Wanderbaumelster.

Die Wanderbaumelster gehört zu den Rabenvögeln und ist in weiten Teilen des südlichen Asiens heimisch: von Pakistan bis zum südostasiatischen Festland. Als scheuer Vogel hält sie sich meist hoch oben in einem Baum auf, dringt aber auf der Jagd nach Geckos durchaus auch in Gebäude vor. Wanderbaumelstern leben bevorzugt in Wäldern, Landwirtschaftsflächen und großen Bäumen in Dörfern, Parks und Gärten. Sie leben in der Regel in Paaren oder Familien, suchen in Baumkronen nach Nahrung und kommen nicht oft auf den Boden. Ihre Nahrung besteht aus Insekten, Vogeleiern, Nestlingen, Eidechsen und kleinen Nagetieren, aber auch aus gewissen Früchten, Beeren und Samen.

Charakteristisch für Baumelstern sind metallisch klirrende Rufe. Der flötende Ruf der Wanderbaumelster klingt wie *ko-ki-la, ko-ku-lii* oder *kokli, kokli* und gehört in ihrer Heimat auf dem Land zu den vertrauten Klängen. Wird sie aufgeschreckt, schnattert sie *herh-herh-herh hah-hah-hah*.

JAGDELSTER

– Cissa chinensis –

Einer von vielen rauen Rufen der Jagdelster.

Die wunderschöne erbsengrüne Jagdelster ist zum Leidwesen der Beobachter in ihrem üppig grünenden Lebensraum gut getarnt. Zudem versteckt sich der scheue Vogel auch noch in dichten Baumkronen. Hält er sich zu oft auf offenem Gelände auf, verfärbt sich das Gefieder infolge der erhöhten Sonneneinstrahlung von grün zu blau. Das Verbreitungsgebiet dieses Rabenvogels reicht von den Ausläufern des Himalaja in Nordwestindien bis nach Südostasien. Als Lebensraum bevorzugt er Wälder und Waldränder, Bambusdickichte und Ufervegetation. Er sucht in der Regel paarweise oder in kleinen Gruppen in den unteren und mittleren Höhenbereichen der Baumkronen, in Sträuchern und auf dem Boden nach Nahrung, die hauptsächlich aus großen Insekten, Amphibien, kleinen Reptilien sowie kleinen Vögeln, möglicherweise auch aus Obst und Aas besteht.

Die Jagdelster singt laut und durchdringend. Ihre Lautäußerungen sind vielfältig und umfassen hochtonige wie *wi-chi-chi jao*, *wi-chi-chi jao*, *wichitchit*, *wi-chi-chi jao* oder raue rasselnde wie *kak-ak-ak-ak-ak* oder *chakakakak-wi*. Zu ihren kurzen Rufen gehören *weeer-wit*, *kik-ee* und ein schrilles *keek*.

BLUTPIROL

– Oriolus traillii –

Der Ruf eines Blutpirols im vietnamesischen Regenwald.

Der scheue Blutpirol versteckt sich gern im dichten Laub der Baumkronen. Die Männchen sind glänzend schwarz und weinrot gefärbt, die Weibchen haben einen dunkelbraunen Rücken und einen schwarz gestreiften weißen oder hellgrauen Bauch. Die Art bewohnt dichte Wälder und Waldränder vom Himalaja über Südwestchina bis nach Südostasien. Sie ernährt sich von Insekten, die sie von den Blättern und Zweigen der Bäume pickt.

Die Gesänge der Pirole erfreuen das menschliche Ohr, wirken sehr melodiös und sind leicht zu erkennen. Der Gesang des Blutpirols besteht zur Hauptsache aus einer Reihe kurzer, schneller, sanfter Töne, die wie *pi-loi-lo, pi-oho-uu* klingen. Zu seinen Rufen gehören ein nasales Miauen (*nyet-nyaooooow*), ein lang gezogenes *hwyerrrh* und eine Reihe von quakenden, gurgelnden und pfeifenden Lautäußerungen.

WEISSKEHL-FÄCHERSCHWANZ

—Rhipidura albicollis —

Der typische Gesang eines Männchens während der Brutzeit.

Die in Asien und Australasien heimischen Fächerschwänze sind eine Gattung und Familie kleiner Vögel, die auf Nahrungssuche die Schwanzfedern auffächern und hin- und herbewegen – vermutlich, um versteckte Insekten aufzuscheuchen. Sobald sie hervorkommen, können die Vögel sie sehen und fangen. Der Weißkehl-Fächerschwanz bevorzugt bewaldete Lebensräume wie Wälder, Bambushaine und Gärten mit vielen Bäumen. Sein Verbreitungsgebiet reicht von Pakistan und Indien über China bis nach Südostasien, und er geht vor allem im mittleren Höhenbereich der Baumkronen, meist in der Nähe des Hauptstamms, auf Nahrungssuche.

Die Gesänge des Weißkehl-Fächerschwanzes bestehen in der Regel aus wohlklingenden Pfeif- oder Klingeltönen: *tri riri riri riri riri* oder *tsu sit tsu sit sit sit-tsu*. Seine kurzen Rufe klingen quietschend und schroff: *check, jick, wick* und *squit*.

FLAGGENDRONGO

– Dicrurus paradiseus –

Der typische laute Ruf des Flaggendrongos.

Der Anblick des Flaggendrongos ist für Vogelfreunde wirklich spektakulär: Seinen schwarz glänzenden Körper krönt eine helmartige Haube, und zuhinterst hat er einen langen, drahtartigen Federkiel mit einer breiten »Flagge« an beiden Enden. Sein kunstvoller Schwanz steigert zusammen mit den langen, spitzen Flügeln die Manövrierfähigkeit, sodass er fliegende Insekten besser fangen kann. Das Verbreitungsgebiet des Flaggendrongos reicht von Indien und Sri Lanka über Südchina bis nach Südostasien. Er bevorzugt Wälder, kommt aber auch in Baumplantagen vor. Dieser Vogel sucht in den mittleren und unteren Stockwerken der Wälder nach Insekten, von kleinen Fliegen bis hin zu großen Schmetterlingen und Käfern, und bildet oft mit anderen Vogelarten gemischte Schwärme. Wenn sie ihm zu nahe kommen, greift der wagemutige Flaggendrongo mitunter auch Nashorn- und andere größere Vögel an.

Die Gesänge des Flaggendrongos sind laut und vielfältig, bald musikalisch und pfeifend, bald kreischend und schreiend, bald metallisch und glockenartig. In einer Region bestehen sie aus ruckartigen Lautäußerungen, die wie *tu-whit, clee-uw, tu-whit, clee-uw* klingen. Einige längere Rufe ähneln einem gepfiffenen *vit-vit-vit* oder einem glockenartigen *klink-link-link*.

GARTENIORA

– Aegithina tiphia –

Mit diesem Gesang versucht der Garteniora eine Partnerin anzulocken.

Die kleinen, grün-gelben Ioras sind in Süd- und Südostasien heimisch und schwirren bei der Nahrungssuche akrobatisch im Laub der Bäume herum. Wie sein Name vermuten lässt, bewohnt der Garten- oder Schwarzflügel-Iora Gärten, daneben aber auch lichte Wälder, Waldränder, Obstplantagen, bewaldete Straßenränder, Mangroven und Parks in Indien, Südchina und Südostasien. Meist allein oder paarweise suchen diese Ioras Bäume und Sträucher nach Früchten ab. Um an die erspähte Nahrung, darunter auch Insekten, zu kommen, lassen sie sich mitunter kopfüber von Zweigen hängen. Die Färbung der Weibchen ist oft etwas blasser als die der Männchen.

Garteniora-Paare pfeifen einander auf Nahrungssuche *di-di-dwiu dwi-o dwi-o dwi-o* oder auch *di-du di-du* zu. Ein anderer Zuruf klingt wie *chee-chit-chit-chit*. Einfachere Gesänge dieser Vogelart enthalten meist einen lang gezogenen Ton, gefolgt von einem deutlich tieferen: *whiiiii-piu* oder *wheeee-teoo*.

BLAUKEHLCHEN

– Luscinia svecica –

Der schwafelnde Brutgesang eines Blaukehlchens.

Das kleine, hübsche Blaukehlchen mit dem leuchtend blauen Lätzchen kommt auf vier Kontinenten vor: von Süd- und Ostasien bis nach Nordafrika und Europa sowie auf der anderen Seite der Welt bis nach Alaska. Es sucht am Boden oder in Bodennähe nach Nahrung. Dazu rennt und hüpft es auf seinen langen Beinen über Reisfelder sowie durch Buschland, hohes Gras und Gebüsch an Wasserläufen. Dieser Vogel aus der Familie der Fliegenschnäpper ernährt sich unter anderem von Insekten, Schnecken, Samen und Beeren. Außerhalb der Brutzeit versteckt er sich meist, ist leise und deshalb schwer zu entdecken.

Seinen Gesang trägt das Blaukehlchen meist von der Spitze eines Strauches aus vor. Er besteht aus vielen verschiedenen Lautäußerungen, darunter summenden und trällernden. Einige beginnen mit klaren, sonoren Tönen wie *tree, tree, tree* oder *ting ting ting* oder *zri zri zrutt*. Zu den Rufen gehören ein schroffes *tchak* oder *track*, ein hartes *shtick-shtick* und ein scharfes *tsee-tchak-tchak*.

RUBINKEHLCHEN

– Luscinia calliope –

Das klare, pfeifende *ee-uh* des Rubinkehlchens.

Das Rubinkehlchen verdankt seinen Namen der leuchtend roten Halspartie des Männchens, die beim Weibchen grau-weiß gefärbt ist. Es kommt in weiten Teilen Asiens bis nach Japan und auf die Philippinen vor und lebt am Boden in der Nähe von Büschen, dichtem Unterholz, hohem Gras und Schilf, oft in der Nähe von Wasser. Auf der Suche nach Insekten und Samen bewegen sich die Rubinkehlchen mit Sprüngen und schnellen, kurzen Läufen fort. Sie lassen ihre Flügel gern hängen, während sie den Schwanz aufrichten.

Der Gesang des Rubinkehlchens besteht meist aus kratzenden Trällern, typischerweise durchmischt mit nachgeahmten Lautäußerungen anderer Vogelarten. Zu den Rufen gehören ein klares, gepfiffenes *ee-uh* oder *se-ic*, ein tiefes *shuk* oder *tschuck* und ein *chack*.

MANGROVEBLAUSCHNÄPPER

– Cyornis rufigastra –

Mit seinem Gesang markiert das Mangroveblauschnäppermännchen sein Revier und lockt Weibchen an.

Der hübsche kleine Mangroveblauschnäpper ist in Südostasien, auf den Philippinen und in Indonesien heimisch. In einigen Regionen lebt er hauptsächlich in Mangroven oder in deren Nähe sowie an Buchten und Lagunen. Andernorts bevorzugt er andere Lebensräume, darunter Wälder, Waldränder, Buschland oder Straßenränder. Die kleinen Vögel suchen in der Regel allein oder paarweise in den mittleren und vor allem unteren Höhenbereichen von Mangroven und Bäumen nach Insekten.

Mangroveblauschnäpper tragen ihren Gesang meist von einem waagerechten Ast in weniger als einem Meter Höhe oder einem anderen niedrigen Ansitz aus vor. Ihr süßlicher Gesang besteht im Allgemeinen aus vier bis sechs klaren, geträllerten Tönen wie *da, de, do, da, der, do*. Zu ihren Rufen gehören ein stakkatoartiges *tschik-tschik-tschik-tschik* und ein kurzes *psst*.

BEO

– Gracula religiosa –

Einer von zahlreichen Rufen des Beos.

Der Beo oder Mynah hat die beeindruckende Fähigkeit, in Gefangenschaft menschliche Stimmen zu imitieren. Er ist in Indien, Südchina und Südostasien verbreitet und wurde von Menschen in andere Gebiete eingeführt. Heute kommt er auch in Florida, Puerto Rico und anderen weit von seiner Heimat entfernten Gebieten in freier Wildbahn vor. Beos sind aktive Vögel und bevorzugen Wälder und Waldränder. Dort leben sie paarweise oder in kleinen Schwärmen meist hoch oben in Bäumen und suchen gelegentlich auch in Büschen nach Nahrung, die hauptsächlich aus Früchten und Beeren, aber auch aus Blütenknospen, Nektar und Insekten besteht. Auf Bäumen mit reichlich essbaren Früchten trifft man sie auch in größeren Schwärmen zusammen mit anderen Fruchtfressern wie Nashornvögeln und Asiatischen Bartvögeln an.

Die Lautäußerungen der Beos sind äußerst vielfältig und ähneln unter anderem Pfeifen, Kreischen, Heulen und Krächzen. Ihre klaren und weithin hörbaren Rufe gehören zu den dominierenden Geräuschen in ihrer Heimat. Häufig zu hören ist ein durchdringendes, gepfiffenes *ti-ong* oder *clee-ong*. Zu den weiteren Lautäußerungen gehören ein pfeifenähnliches *chierk* und ein schroff abfallendes *FYEEuw*, das wie eine fallende Bombe klingt.

SULTANSMEISE

– Melanochlora sultanea –

Der Ruf einer Sultansmeise hallt durch einen Wald.

Die farbenprächtige Sultansmeise gehört zur Familie der Meisen, die auf vier Kontinenten heimisch ist. Das Verbreitungsgebiet des etwa acht Zentimeter langen Vogels reicht von Nepal, Indien und Bangladesch bis nach Südostasien und China. Die Männchen sind glänzend blau-schwarz und leuchtend gelb gefärbt, die Weibchen in mattem Schwarz und Olivgrün. Ist er aufgeregt, richtet dieser Vogel seine prächtige lange Federhaube auf. Sultansmeisen bewohnen bevorzugt die oberen oder mittleren Bereiche hoher Bäume in Wäldern und an Waldrändern, wo sie einzeln, paarweise oder in Trupps bis zu etwa einem Dutzend Tieren auf Nahrungssuche gehen. Mit den ruckartigen, für ihre Art typischen Dauerbewegungen bahnen sie sich einen Weg durch das Blattwerk. Oft lassen sie sich auch in seltsamen Winkeln herunterhängen, um Insekten und Spinnen auf Blättern und Zweigen zu erreichen. Sie fressen auch Knospen, Samen und einige Früchte.

Die Gesänge der Sultansmeisen bestehen aus lauten, klaren Wiederholungen einfacher, meist nach unten verschliffener Pfeiftöne, und hören sich unter anderem wie *piyu-piyu-piyu-piyu-piyu*, *kauen-kauen-kauen-kauen* oder *pree-yit, pree-yit, pree-yit* an. Die Art kennt viele Rufe, darunter sowohl längere wie das quietschende *tcheery-tcheery-tcheery* als auch kürzere wie das rasselnde *tji-jup* oder *chi-dip*, das raue, knirschende *krssh-krssh* und das metallische *zeent-zeent*.

FLECKENHÄHERLING

– Garrulax merulinus –

Der abwechslungsreiche und melodiöse Gesang eines Fleckenhäherlings.

Das Verbreitungsgebiet des eher seltenen und scheuen Fleckenhäherlings reicht von Nordostindien über den Südwesten Chinas bis nach Südostasien. Er bevorzugt Waldränder, bewachsene Lichtungen und Bambusdickichte. Der Fleckenhäherling sucht am Boden meist paarweise oder in Gruppen von ein bis zwei Dutzend Vögeln im dichten Unterholz nach Nahrung, indem er umherhüpft, Blätter umdreht und den Schnabel in Ritzen steckt. So fängt er Insekten und andere kleine wirbellose Tiere. Außerdem frisst er auch Samen und Früchte.

Da sich dieser Vogel versteckt hält, sind seine Lautäußerungen noch nicht eingehend untersucht. Beobachter konnten feststellen, dass seine Gesänge abwechslungsreich und melodiös sind und aus weitschweifigen Serien deutlich artikulierter, musikalischer Pfeiftöne bestehen. Sie enthalten oft nachgeahmte Rufe anderer Häherlinge, Asiatischer Bartvögel, von Rebhühnern und weiteren Vogelarten. Manchmal geben diese Vögel auch so etwas wie ein hustendes Glucksen von sich.

SILBEROHR-SONNENVOGEL

—*Leiothrix argentauris* —

Der Gesang eines männlichen Silberohr-Sonnenvogels.

Der farbenprächtige kleine Silberohr-Sonnenvogel ist im Himalaja, in Südostasien und in Indonesien bis nach Sumatra heimisch. Er bevorzugt bewaldetes Gelände mit vielen Büschen wie Waldränder und Lichtungen und findet seine Nahrung hauptsächlich in Büschen, aber auch in Baumkronen. Auf der Suche nach Insekten und Früchten fliegen diese emsigen Vögel paarweise oder in Schwärmen von 30 oder mehr Tieren durch das dichte Laub. Sie schließen sich dabei häufig mit anderen Vogelarten zusammen.

Der Gesang des Silberohr-Sonnenvogels ist schrill und fröhlich. Er besteht aus wiederholten Pfiffen oder Trillern mit Pausen dazwischen, die oft in der Tonhöhe abfallen: *che, chu, chiwi, chwu* oder *che, tchu-tchu, che-rit*. Ein langer Ruf klingt wie ein geschnattertes *pe-pe-pe-pe-pe-pe-pe-pe*.

RIESENPAPAGEIMEISE

– Conostoma aemodium –

Der Reviergesang einer Riesenpapageimeise.

Die Familie der Papageienschnäbel, deren Verbreitung sich mit Ausnahme einer Gattung auf Asien beschränkt, ist für ihre dicken und kräftigen Schnäbel bekannt, mit denen die Vögel Stücke von Bambuspflanzen abzwicken und zerkleinern. Die zu dieser Familie gehörende, eher seltene Riesenpapageimeise kommt nur in der Himalaja-Region von Nepal über Bhutan und Nordostindien bis ins nördliche Myanmar und südwestliche China vor. Sie lebt in Höhen bis zu 3600 Metern, meist im Dickicht. Dort sucht sie paarweise oder in Gruppen von bis zu zwei Dutzend Tieren in der niedrigen Vegetation und gelegentlich am Boden hüpfend und kletternd nach Nahrung wie Insekten, Beeren, Samen und Pflanzenknospen. Diese Vögel sind zwar nicht scheu, doch im Bambus- oder Rhododendron-Dickicht bleiben sie meist unbemerkt.

Der laute, weiche und musikalische Gesang der Riesenpapageimeise besteht in der Regel aus zwei, drei oder vier Pfeiftönen, die sie zögernd anstimmt. Zwei Gesänge klingen wie *truu, dree, dreeu* und *whip-whi-uu, uu-chip uu-chip, eep-whu-eep.* Zu den zahlreichen Rufen dieser Art gehören ein hartes, schnatterndes *crank-rank-rankit* und ein rasselndes *tr'r'r'rt.* Ein Warnruf klingt wie *churrrrrrrr.*

SONNENVOGEL

– Leiothrix lutea –

Ein Ausschnitt aus dem langen, stakkatoartigen Gesang
eines Sonnenvogels.

Der kleine, untersetzte Sonnenvogel, auch Chinanachtigall genannt, gehört zur artenreichen Familie der Häherlinge und ist wie die meisten seiner Artgenossen gesellig und eher lautstark. Im Gegensatz zu vielen anderen Vertretern weist er jedoch keine unscheinbare bräunliche, sondern eine wunderschöne olivgrüne Färbung mit gelben und orangen Partien auf. Die Art lebt an Waldrändern, auf Waldlichtungen, in Schluchten und Gebüschen, meist paarweise oder in kleinen Gruppen von vier bis sechs Tieren, die im dichten Unterholz und auf dem Boden nach Insekten, Früchten und Samen suchen. Manchmal klettert der in Teilen Chinas, Indiens und Südostasiens heimische Sonnenvogel auch an Bäumen hinauf. In freier Wildbahn trifft man ihn heute auch auf mehreren Hawaii-Inseln an, wohin er im frühen 19. Jahrhundert als Käfigvogel gebracht wurde.

Die Gesänge des Sonnenvogels bestehen in vielen Fällen aus einer Folge von bis zu 15 flötenden, trällernden Tönen, die er meist schnell und stakkatoartig vorträgt. Andere klingen wie *JHRee-JHRee-JHRee* oder ein schnelles, klares *pu-pu-pu-pu-pu*. Zu seinen weiteren Lautäußerungen gehören ein gutturales *zhirk* oder *shreep* und ein rasselnder Warnruf: *zhriti-zhriti-zhriti*.

STRICHELSPINNENJÄGER

– Arachnothera magna –

Der Ruf eines Strichelspinnenjägers im Flug.

Die Gattung der Spinnenjäger gehört zur Familie der kleinen Nektarvögel und ist in den Tropen Asiens heimisch. Mit ihren langen, abwärts gebogenen Schnäbeln saugen sie wie die Kolibris der Neuen Welt Nektar aus Blüten. Außerdem ernähren sich die Spinnenjäger ihrem Namen entsprechend von Spinnen, die sie aus ihren Netzen zupfen, sowie Insekten. Der Strichelspinnenjäger ist vor allem in Südostasien heimisch, kommt aber auch in Südchina, Bangladesch, Nepal und im Nordosten Indiens vor. Er lebt bevorzugt in Wäldern mit dichtem Unterholz. Seine Nahrung findet er zum Großteil in hohen Bäumen, aber auch in den Blüten der viel niedrigeren Bananenstauden. Diese Vögel sind in der Regel Einzelgänger oder leben in Paaren und fliegen schnell von Baum zu Baum.

Der Gesang der Spinnenjäger klingt meist wie lautes Geschnatter, das in manchen Fällen mit mehreren *vijvitte vij* beginnt. Zu ihren vielfältigen Rufen gehören ein kurzes, rasselndes *chititititititit* und ein lautes *chit-ik* oder *chitturup* sowie ein scharfes *cheet* und ein wiederholtes *ka-tik* im Flug. Beim Fressen geben sie sanfte *chip*-Laute von sich, wenn sie aufgeregt sind ein *ug-ug-ug*.

RUBINKEHL-MISTELFRESSER

– Dicaeum trigonostigma –

Einer der häufigen Rufe dieser Art, aufgenommen in Singapur.

Die Familie der kleinen, rundlichen Mistelfresser oder Blütenpicker ist in Südasien und Australasien heimisch. Der männliche Rubinkehl-Mistelfresser gehört mit seiner orange-blauen Färbung zweifellos zu den auffälligsten Mitgliedern. Die Weibchen sind graubraun gefärbt – mit einem Hauch von Orange an Bauch und Bürzel. Diese Vogelart kommt von Indien über Südostasien bis auf die Philippinen im bewaldeten Tiefland, insbesondere an Waldrändern, aber auch auf Lichtungen, in Gärten und Mangroven vor. Rubinkehl-Mistelfresser bewegen sich auf Nahrungssuche meist allein oder paarweise schnell durch das Laub, wobei sie die Kronen hoher Bäume bevorzugen. Sie fressen Beeren, Früchte, Samen, Blütennektar und Pollen sowie winzige Insekten von blühenden oder fruchttragenden Bäumen.

Die vielfältigen Gesänge der Rubinkehl-Mistelfresser klingen meist summend und ziemlich hoch – einer davon wie *tsi-si-si-si-sew, psee-psee-psee-psee-psee*, ein anderer wie ein scharfes, metallisches *ptit-ptit-ptit-ptit-ptit-ptit*. Zu den Rufen der Art gehören ein kurzes, scharfes *chik*, ein tiefes, schrilles *chirp*, ein lang gezogenes *zeeeee* und ein summendes *brrr-brrr*. Im Flug rufen diese Vögel *zit-zit-zit*.

TIGERFINK
– Amandava amandava –

Ein Ruf des Tigerfinks klingt wie *psheep*.

Der kleine Tigerfink kommt in Pakistan, Indien, Nepal, Südchina und Südostasien vor. Aufgrund seiner Schönheit wird er schon seit langer Zeit als Haustier gehalten und ist heute an so weit entfernten Orten wie Fidschi und Hawaii, auf den Philippinen und seit Kurzem auch in Italien heimisch. Während das Gefieder der Männchen teilweise intensiv rot leuchtet und weiße Tupfen aufweist, ist jenes der Weibchen graubraun mit weißen Tupfen. Der auch als Tigerastrild oder Tüpfelastrild bezeichnete Vogel bewohnt offenes, grasbewachsenes Gelände wie Grasland, Sümpfe, Buschland, Reisfelder und landwirtschaftlich genutzte Flächen. Er ist recht gesellig und außerhalb der Brutzeit meist in Schwärmen von bis zu 30 Tieren anzutreffen. Diese Schwärme schließen sich oft mit Schwärmen anderer kleiner Vögel wie Sperlingen zusammen, um nach Gras- und anderen Samen zu suchen.

Die Gesänge des Tigerfinken sind so leise, dass man sie nur aus nächster Nähe hört. In der Regel handelt es sich um hohe, trällernde Lautäußerungen, durchmischt mit angenehm klingenden Zwitschertönen. Auch ganze Tigerfinken-Schwärme zwitschern meist. Zu den Rufen dieser Art gehören ein schrilles *teei* und ein *pseep* oder *psheep*.

AUSTRALASIEN

Für europäische Vogelfreunde liegt Australasien am anderen Ende der Erde, doch die exotische Vogelwelt belohnt mehr als reichlich für die lange Reise. Zu dieser Region gehören Australien, Neuseeland, Neuguinea und die umliegenden Inseln Melanesiens. Insgesamt sind hier etwa 1500 Vogelarten heimisch – im Vergleich mit den anderen Kontinenten nicht gerade viele, dafür von atemberaubender Schönheit und mit oft erstaunlichem Verhalten.

In Australien leben etwa 740 Vogelarten – ähnlich viele wie in den USA oder Europa. Dazu gehören Papageien wie die großen Kakadus, der straußenähnliche Emu, der Helmkasuar, wunderschöne Laubenvögel, deren Männchen kunstvolle Lauben als Balzplatz bauen, oder die Großfußhühner, die gewaltige Bruthügel aus verrottender Vegetation aufhäufen.

Neuseeland beeindruckt durch seine atemberaubende Natur. Vogelfreunde aus der ganzen Welt strömen hierher, um die nur hier vorkommenden Vögel zu beobachten. Dazu gehören Kiwis, rundliche, flugunfähige Vögel, die als Nationalsymbol Neuseelands gelten, die besonders neugierigen, als Keas bekannten Bergpapageien und die Grünschlüpfer, winzige Insektenfresser.

Neuguinea, die nördlich von Australien gelegene zweitgrößte Insel der Welt, ist unter Vogelkundlern vor allem als Heimat der wunderschönen Paradiesvögel mit ihren oft kunstvollen Schwanz- oder Kopffedern bekannt, die hier in den Regenwäldern leben. In dieser Region besonders zahlreich vertreten sind mit zehn Arten in Australien und etwa zwei Dutzend in Neuguinea die Eisvögel. Die nur in Südostaustralien heimischen Leierschwänze beeindrucken mit ihren Schwänzen, die sie beim Balzen ausfalten, während die kleinen, farbenfrohen Staffelschwänze die ihren meist steif nach oben ausstrecken. Die für Australasien typischen Honigfresser ernähren sich von Pollen und Honig.

HELMKASUAR

– Casuarius casuarius –

Ein männlicher Helmkasuar stöhnt und
erzeugt mit dem Schnabel Geräusche.

Der große, straußenähnliche Helmkasuar kommt nur in den dichten
Regenwäldern Neuguineas und in kleinen Gebieten im Nordosten Australiens
vor. Die eher merkwürdigen Vögel mit dem federlosen blauen Hals, den roten
Kehllappen und dem mit Horngewebe überzogenen »Helm« wiegen bis zu
70 Kilogramm. Sie leben paarweise oder in Gruppen von bis zu sechs Tieren und
suchen tagsüber nach Früchten, meist nach Fallobst. Diese Vögel fressen auch
Samen, Pilze, Insekten und einige andere kleine Tiere. Während der Brutzeit
verteidigen sie ihre Jungen meist aggressiv mit Tritten. In Australien gilt der
Helmkasuar als bedroht, nachdem die Zerstörung seines Lebensraums und
Wildunfälle im Straßenverkehr den Bestand dezimiert haben. In Neuguinea
wird die Art wegen ihrer Federn, die für zeremoniellen Kopfschmuck verwendet
werden, gejagt.

Über die Lautäußerungen des Helmkasuars ist nur wenig bekannt, unter
anderem, dass viele davon mit dem Brüten in Zusammenhang stehen. Einen
solchen Ruf stößt vermutlich das Männchen aus, das bei dieser Art die Eier
ausbrütet: ein wiederholtes, tiefes, lautes *boo-boo-boo* oder *boom-boom-boom*.
Beobachter berichten auch von Grunzen, gutturalem Husten, Stöhnen und
Zischen. Ihr Warnruf klingt wie ein tiefes Grollen, bei großer Bedrohung auch
wie ein Brüllen.

NÖRDLICHER STREIFENKIWI

– Apteryx mantelli –

Die selten zu hörenden nächtlichen Pfiffe des Nördlichen Streifenkiwis.

Die nur in Neuseeland vorkommenden Kiwis oder Schnepfenstrauße gehören zweifellos zu den berühmtesten Tieren des Landes. Die kleinsten Laufvögel sind für Vögel noch immer eher groß und hauptsächlich nachts aktiv, während sie den Tag über in Höhlen oder hohlen Baumstämmen schlafen. Der Nördliche Streifenkiwi kommt nur auf der Nordinsel vor und bevorzugt Wälder, Buschland und landwirtschaftlich genutzte Flächen. Er verlässt nachts seine Höhle und geht meist paarweise auf Nahrungssuche. Dazu tippeln die zotteligen Vögel über den Boden und schnüffeln gut hörbar – Kiwis haben einen ausgeprägten Geruchssinn. Neben Regenwürmern fressen sie Käfer, Spinnen, Grillen, Tausendfüßler und kleine Mengen von Samen, Früchten und Blättern. Die Kiwis stecken ihren Schnabel tief in den Boden, um Nahrung zu finden, und graben kleine Löcher, um besonders große Würmer herauszuholen.

Kiwis bekommt man viel häufiger zu Gehör als zu Gesicht. In der Regel beginnen sie nach Sonnenuntergang laut und schrill zu rufen – die Männchen des Nördlichen Streifenkiwis häufiger als die Weibchen. Beide Geschlechter singen auch gern im Duett. Die Rufe der Männchen bestehen aus bis zu 20 langen Pfiffen, die wie *ah eel* klingen, die Rufe der Weibchen sind eher guttural und werden als heisere Schreie beschrieben. Zur Warnung knurrt oder zischt diese Vogelart.

SPALTFUSSGANS

– Anseranas semipalmata –

Spaltfußgänse beiden Geschlechts trompeten laut und hochtonig.

Die große, hagere, schwarz-weiße Spaltfußgans mit dem auffälligen Höcker auf dem Kopf kommt nur in den Tropen im Norden Australiens und Süden Neuguineas vor – insbesondere in Küstennähe. Sie bevorzugt feuchtes Grasland und Sümpfe. Diese Gänse sieht man für gewöhnlich in kleineren und größeren Schwärmen an Land grasen oder im flachen Wasser nach Nahrung suchen, die aus Samen, Blättern und Wurzeln besteht. Um sie aus dem Boden zu graben, benutzen sie ihre hakenförmigen Schnäbel.

Die charakteristischen Lautäußerungen der Spaltfußgans sind hochtonig und hallen nach. Die Vögel trompeten in verschiedenen Situationen: im Flug, beim Fressen, aber auch nachts – manchmal so schnell hintereinander, dass ihr Trompeten fast wie ein langer Triller klingt.

TRAUERSCHWAN

– Cygnus atratus –

Einige typische Lautäußerungen eines Trauerschwanpaars.

Die in Australien heimischen Schwäne verblüffen Besucher aus Europa: Sie sind fast alle schwarz. Die Trauerschwäne haben eine Flügelspannweite von 160 bis 200 Zentimetern und favorisieren große Seen, Flüsse, Lagunen, Mündungen und Küstengewässer als Lebensraum. Sie leben paarweise, in Familiengruppen und in Schwärmen mit mehreren Tausend Tieren. Die stattlichen Vögel suchen im Wasser und auf überschwemmten Feldern oder Weiden nach Nahrung, die vor allem aus Trieben und Blättern von Wasserpflanzen, Algen, Laichkräutern und Weidegräsern besteht. Trauerschwäne sind auch in Neuseeland verbreitet, wo sie der Mensch eingeführt hat.

Der häufigste Ruf der Trauerschwäne ist ein melodisches Trompeten, das sie im Flug und auch beim Ruhen auf dem Wasser von sich geben. Ihr Stimmrepertoire umfasst ferner ein lautes Zischen, das sie bei der Verteidigung ihrer Nester von sich geben, und hohe Pfeiftöne.

BROLGAKRANICH

– Grus rubicunda –

Der Gesang im Duett könnte dazu dienen, die Paarbindung der Brolgakraniche
zu stärken oder auch das Revier zu markieren.

Bei einem großen, silbergrauen Vogel, der voller Stolz durch ein Feuchtgebiet
in Australien watet, handelt es sich wahrscheinlich um einen Brolga- oder
Australischen Kranich. Er ist nicht nur in Australien, sondern auch in Teilen
Neuguineas heimisch und bewohnt vor allem Süßwasserfeuchtgebiete,
Sümpfe und Bruchwälder, aber auch Weiden und Feuchtwiesen. Dort watet
der Brolgakranich langsam durch das Wasser oder über den sumpfigen Grund
und sucht darin mit seinem kräftigen, scharfen Schnabel nach Insekten, Krebs-
und Weichtieren oder gräbt die Wurzelknollen von Sumpfpflanzen aus dem
Schlamm. Gelegentlich fängt er auch Frösche, Schlangen und kleine Säugetiere,
spießt sie mit dem Schnabel auf oder erschlägt sie; auf landwirtschaftlich
genutzten Flächen frisst er Getreide. Brolgakraniche sind recht gesellig und
leben in der Regel paarweise oder in kleinen Gruppen, die typischerweise aus
Familienmitgliedern bestehen. An guten Futterplätzen oder an Schlafstätten
bilden sich auch größere Schwärme.

Die typische Lautäußerung der Brolgakraniche ist ein durchdringendes Jaulen
oder Trompeten, das sie sowohl im Flug als auch im Stehen von sich geben.
Bei der synchronen Balz richten die Brolga-Paare ihre Schnäbel nach oben und
singen im Duett. Einige weitere Rufe klingen kläffend, krächzend oder schrill.

LAPÉROUSEHUHN

– Megapodius laperouse –

Das typische *keek* eines Lapérousehuhns.

Die Großfußhühner sind eine australasiatische Hühnervogelfamilie. Manche Arten bauen riesige Bruthügel aus Erde und Pflanzen, um ihre Eier darin zu vergraben, sodass die Wärme der verrottenden Pflanzen sie ausbrütet. Das Lapérousehuhn und einige andere Mitglieder dieser Familie verscharren ihre Eier im Boden oder im Sand, wo die Erd- oder Sonnenwärme für das Ausbrüten sorgt. Mit einer Länge von etwa 30 Zentimetern ist es das kleinste Großfußhuhn und kommt nur auf Saipan, Guam und anderen Marianeninseln im Pazifik sowie in Palau vor. Es bevorzugt bewaldete Flächen, Kokosnusshaine sowie Buschland und Dickichte an der Küste. Diese Großfußhühner gehen in der Regel paarweise auf Nahrungssuche und picken Samen, kleine Früchte sowie Spinnen, Insekten, Schnecken und andere Kleintiere vom Boden auf.

Als häufigste Lautäußerung des Lapérousehuhns gilt der Revierruf des Männchens, der häufig am frühen Morgen und am späten Nachmittag ertönt. Er beginnt mit einem lauten *keek* oder *skeek*, dem nach einer Pause zwei weitere, oft leisere *keeks* folgen. Der typische Ruf der Weibchen startet mit einem *kek* oder *kuk*, das es in einer längeren Folge immer lauter und schnell hintereinander wiederholt.

GELBKOPF-FRUCHTTAUBE

– Ptilinopus layardi –

Der Pfiff einer männlichen Gelbkopf-Fruchttaube
ertönt aus dem Kronendach eines Waldes.

Die Gattung der meist grün gefärbten Flaumfußtauben gehört zur großen Unterfamilie der Fruchttauben und hat viele kleine, isolierte Pazifikinseln besiedelt. Die Gelbkopf-Fruchttaube kommt nur auf den beiden Fidschi-Inseln Ono und Kadavu vor. Sie bevorzugt Wälder und Buschland und lebt gelegentlich auch in den Gärten der Dörfer. Wie die meisten Fruchttauben ernährt sie sich von Früchten, die sie in den mittleren und unteren Höhenbereichen der Baumkronen oder auch im dichten Unterholz findet. Kleine Früchte verschlingt sie ganz. Bei den Männchen ist der Kopf gelb, bei den Weibchen in einem dunklen Oliv gefärbt.

Das glänzend grüne Tarngefieder der Fruchttauben macht es schwierig, sie in dicht belaubten Baumkronen auszumachen, sodass man diese Vögel viel häufiger hört als sieht. Der Gesang der pfeifenden Fruchttaube unterscheidet sich stark von den typischen gurrenden Rufen, die die meisten Menschen mit Tauben in Verbindung bringen. Die Männchen erzeugen einen lauten, sanften Pfiff, der in der Tonhöhe ansteigt, schnell gefolgt von einem kurzen weichen Triller. Ein anderer häufiger Ruf besteht aus einem Pfeifen und einem quietschenden Pfiff.

KEA

– Nestor notabilis –

Der Kontaktruf des Keas klingt wie sein Name: *keee-aa*.

Der auch als Bergpapagei bekannte große, bullige, oliv-braune Kea ist nur entlang der Neuseeländischen Alpen auf der Südinsel heimisch, wo er alpine Weiden, Wälder und Täler bewohnt. Manchmal sucht er auch tiefer gelegene Flusstäler auf. Außerdem sind diese geselligen Papageien, die meist in Gruppen von fünf bis 15 Tieren leben, auch in alpinen Skigebieten, Wanderregionen und auf Parkplätzen keine Seltenheit. Dort fügen sie mit ihren kräftigen Füßen und Schnäbeln beim Spielen mitunter Gebäuden, Geräten und Motorfahrzeugen Schaden zu. Keas fressen hauptsächlich Beeren, Früchte, Pflanzentriebe und Blätter, wühlen aber auch gern im Müll. Manchmal ernähren sie sich außerdem von Aas. Da sie lokal heute wieder häufig anzutreffen sind, gelten diese Vögel nicht als gefährdet. Das war bis zu ihrer Unterschutzstellung im Jahr 1970 anders, weil man annahm, Keas würden Schafe in großer Zahl töten, und sie deshalb jagte und tötete.

Die Lautäußerungen des Keas warten noch auf eine eingehendere Untersuchung. Ihr häufigster, charakteristischer Ruf ist ein lang gezogenes, klingendes *keee-aa* oder *keaaaa*, den dieser Vogel oft im Flug ausstößt und der in der Regel mit einem Vibrato endet. Andere Rufe sind leiser und nicht so weit zu hören.

KAKA

– Nestor meridionalis –

Verschiedene Lautäußerungen des Kakas während der Brutzeit.

Der unverwechselbare, rostrot und braun gefärbte Kaka oder Waldpapagei bewohnt die Wälder auf beiden Hauptinseln Neuseelands, im Sommer in mittleren Höhenlagen, im Winter meist weiter unten. Die Art ist in vielen Gebieten recht selten geworden, weil der Mensch ihre Lebensräume durch intensive Nutzung verändert hat. Außerdem zerstören die vom Menschen nach Neuseeland eingeschleppten Hermeline ihre Nester. Kakas sind am frühen Morgen und am späten Nachmittag am aktivsten, wenn sie in Paaren oder Gruppen von bis zu zehn Tieren lautstark in Bäumen fressen. Als ausgezeichnete Flieger gleiten und purzeln sie über dem Blätterdach des Waldes spielerisch durch die Lüfte. Tagsüber sitzen diese Vögel oft still in den Bäumen und sind kaum auszumachen. Kakas ernähren sich von Kiwis und anderen Früchten, Beeren, Samen, Blüten, Knospen, Nektar und Insekten.

Beobachter hören das Knurren, Kreischen sowie melodische Pfeifen und Trällern der lautstarken Kakas meist schon lange, bevor sie die Vögel zu Gesicht bekommen. Am »gesprächigsten« sind sie im Flug, wenn sie Rufe wie ein raues *kraa-aa* oder ein trällerndes *wheedle wheedle* oder *uu-wiiaa* von sich geben. Eine weitere häufige Lautäußerung klingt wie *chock-choock-choock* oder *chok-chok-chok*.

GELBOHR-RABENKAKADU

– Calyptorhynchus funereus –

Der quiekende Ruf des Gelbohr-Rabenkakadus
im Fliegen klingt wie *whee-la*.

Der große, schwarze Gelbohr-Rabenkakadu gehört wie die anderen etwa ein Dutzend Kakaduarten Australiens zu den Papageien. Er kommt im südöstlichen Teil des Landes und auf Tasmanien in einer Vielzahl von bewaldeten Lebensräumen wie lichtem Wald, Regenwald, Bergwald und baumbestandenem Weideland vor. Vogelkundler und auch Wanderer sichten diese Vögel häufig, da sie sich gern in den Wipfeln großer Bäume in offenem Gelände, etwa an Lichtungen und Parkplätzen in Nationalparks, aufhalten. Sie leben paarweise, in kleinen Familiengruppen, außerhalb der Brutzeit auch in größeren Schwärmen und ernähren sich von Samen, die sie vom Boden oder vom Laub picken, sowie von Insektenlarven. Mit ihren kräftigen Schnäbeln reißen Kakadus Rindenstücke von Bäumen ab und bohren Löcher ins Holz, um an die Larven zu gelangen.

Gelbohr-Rabenkakadus sind laute und auffällige Vögel. Ihr charakteristischer Ruf, den sie sowohl im Flug als auch hoch oben in den Bäumen sitzend von sich geben, ist ein lautes, quietschendes *whee-la* oder *why-lar*. Ein anderer häufiger Ruf im Flug klingt wie *keee-ow ... keee-ow ... keee-ow*. Wenn sie in Gruppen fliegen, bekommt man auch vielerlei leisere glucksende Lautäußerungen zu hören und lautere Rufe, kurz bevor sie zur nächtlichen Rast auf Bäumen landen.

GELBBAUCHSITTICH
– Platycercus caledonicus –

Der Ruf eines Gelbbauchsittichs hallt
durch den tasmanischen Wald.

Der Gelbbauchsittich gehört – im engeren Sinne – zur Gattung der Plattschweifsittiche. Den kleinen bis mittelgroßen Papageien gemeinsam ist das gesprenkelte Farbmuster auf dem Rücken. Der Gelbbauchsittich mit seiner roten Stirn und den blauen Wangen lebt nur auf Tasmanien und auf einigen kleinen Inseln zum australischen Festland hin. Er ist in fast allen bewaldeten Lebensräumen Tasmaniens anzutreffen, von Savannen- und Regenwäldern über Heidestrauchland und Weideland mit Bäumen bis hin zu Obstplantagen und Gärten. Diese Vögel leben in der Regel in kleinen Gruppen von vier oder fünf Tieren, während sie meist nach der Brutzeit größere Schwärme bilden, die oft aus Jungvögeln bestehen. Gelbbauchsittiche finden ihre Nahrung, die aus Samen von Bäumen, Sträuchern und Gräsern sowie Blattknospen, Beeren, Früchten, Getreide und gewissen Insektenlarven besteht, auf Bäumen und am Boden.

Typisch für Gelbbauchsittiche am Boden sind Folgen zweisilbiger Rufe, von denen einer wie *cus-sik ... cus-sik ... cus-sik* oder *kush-uck ... kush-uck* und ein anderer wie *kwik-kweet ... kwik-kweet* klingt. Zu den weiteren Lautäußerungen gehören kurze, wiederholte Pfiffe, als Warnruf dient ein schriller Schrei. Wenn ein Schwarm Gelbbauchsittiche in einem Baum frisst, hört man die Tiere oft schnattern.

RUSSEULE

— Tyto tenebricosa —

Der Bettel- oder Werbungsruf einer jungen Rußeule.

Die scheue Rußeule ist in Neuguinea sowie an der Südostküste Australiens heimisch. Sie bewohnt vor allem Regenwälder und hohe Eukalyptuswälder, oft in zerklüfteten Tälern und anderem gut geschützten Gelände. Diese Schleiereule verbringt den Tag an ihrem Ruheplatz in einem hohlen Baum oder in dichter Vegetation und kommt nachts zur Jagd hervor. Sie sucht vor allem in den Baumkronen, an Baumstämmen und Ästen nach Nahrung. Diese besteht aus kleinen Säugetieren wie Ratten, Mäusen, Fledermäusen und Opossums. Manchmal jagen diese Eulen auch am Boden nach Säugetieren wie Kaninchen und kleinen Wallabys.

Die typische Lautäußerung der Rußeule ist ein durchdringender, abfallender Schrei. Er dauert etwa zwei Sekunden. Beobachter ziehen zu seiner Beschreibung oft den Vergleich mit dem Pfeifen einer fallenden Bombe heran.

TÜRKISRACKE

— Eurystomus orientalis —

Das raue, krächzende *chak* einer Türkisracke.

Das Verbreitungsgebiet der stämmigen Türkisracke mit ihrem roten Schnabel reicht von Nord- und Ostaustralien über ganz Südostasien bis nach Indien, China und Korea. Sie bevorzugt lichte Wälder, die Randgebiete von Regenwäldern, Galeriewälder und offenes Gelände mit vereinzelten Bäumen. Wegen der großen, hellblauen, dollargroßen Flecken auf den ausgebreiteten Flügeln wird sie (analog zum Englischen *dollarbird*) auch Dollarvogel genannt. Der Vogel geht meist ab dem späten Nachmittag auf die Jagd nach fliegenden großen Insekten. Am Boden fängt er Beute wie kleine Eidechsen.

Türkisracken sind oft still, rufen aber zwischendurch heiser und krächzend *chack*. Eine andere Lautäußerung ist eine immer schneller werdende Folge von Rufen, die wie *kak, kak, kak-kak-kak-kak-kak oder kek-ek-ek-ek-ek-ek-k-k-k* klingt. Zwei verpaarte Vögel, die nahe beieinander sitzen, geben manchmal ein klapperndes *keta-keta-keta-keta* im Duett zum Besten.

JÄGERLIEST

– Dacelo novaeguineae –

Oft geht dem lauten Lachen des Jägerliests
ein wiederholtes leiseres *hoo-hoo-hoo* voraus.

Der Jägerliest, besser bekannt unter dem Namen Lachender Hans, gehört zusammen mit den Kängurus und Koalas zu den berühmtesten Vertretern der Tierwelt Australiens. Sein markantes Lachen ist aus Filmen und Naturdokumentationen gut bekannt – ganz im Gegensatz zur Art, die es von sich gibt. Sie kommt ursprünglich nur in Australien vor, durch Zutun des Menschen heute auch in Teilen Neuseelands. Der Jägerliest wird bis zu 45 Zentimeter lang und ist damit der größte Eisvogel überhaupt. Er bewohnt lichte Wälder, Waldlichtungen, Parks, Obstgärten und Bäume an Flüssen. Oft sieht man ihn in Paaren oder kleinen Gruppen von einem Ansitz aus nach Beute Ausschau halten. Wenn er eine entdeckt, holt er sie sich im Sturzflug vom Boden. Er frisst vor allem Regenwürmer, Schnecken, Krebse, Spinnen, Insekten, Eidechsen, Schlangen und kleine Säugetiere. Gelegentlich fängt er auch einen Käfer im Flug oder schnappt sich einen Fisch oder Frosch aus seichtem Wasser.

Das berühmte Lachen des Jägerliests klingt wie *koo-hoo-hoo-hoo-hoo-ha-ha-ha-HA-HA-hoo-hoo-hoo* und dient als Revierruf. Er ist hauptsächlich in der Morgen- und Abenddämmerung zu hören. Nicht selten antworten Artgenossen in nahe gelegenen Revieren mit einem ebensolchen Lachen. Der Warnruf dieses Vogels klingt wie *kooa*, beim Kämpfen kreischt er auch laut.

GRAURÜCKEN-LEIERSCHWANZ

– Menura novaehollandiae –

Der Gesang eines Männchens, bestehend
aus eigenen und nachgeahmten Lautäußerungen.

Die scheuen Leierschwänze haben in etwa die Größe eines Fasans und sind insbesondere für ihr Balzritual bekannt. Beide Arten dieser Gattung, von denen der Graurücken- oder Prachtleierschwanz die größere ist, kommen nur in den Bergwäldern im Südosten Australiens vor. Beim Balzritual entfaltet das Männchen seine lange, bunte Schwanzschleppe und stülpt sie über den Kopf, wackelt damit und wirbelt herum. Tagsüber bleiben die flugunfähigen Vögel auf dem Waldboden, die Nacht verbringen sie auf Bäumen. Man kann sie besonders gut beim Überqueren von Straßen oder Wegen beobachten – allein, zu zweit oder in kleinen Gruppen. Auf der Suche nach Würmern, Spinnen und Insekten scharren sie mit ihren Krallen den Boden auf oder reißen Holzstücke von verrottenden Baumstämmen und Ästen, wobei sie immer wieder innehalten.

Die wundervollen langen Gesänge der männlichen Graurücken-Leierschwänze sind während der Brutzeit und noch häufiger bei der Balz zu hören. In der Regel machen Fragmente aus dem Gesang anderer Vogelarten wie Jägerlieste oder Kakadus etwa 70 Prozent davon aus. Die »eigenen« Lautäußerungen dieser Art klingen näselnd, klickend, einer wird als *plikk* beschrieben.

BRAUNBAUCH-DICKICHTVOGEL

– Atrichornis clamosus –

Das laute *chip, chip, chip, chip-ip-ip-ip!* eines männlichen Braunbauch-Dickichtvogels.

Der kleine Braunbauch-Dickichtvogel, auch als Lärm-Dickichtvogel oder Großer Dickichtschlüpfer bekannt, galt jahrzehntelang als ausgestorben, bis man 1961 an der Südwestküste Australiens in der Nähe der Stadt Albany eine kleine Population wiederentdeckte. Die Two Peoples Bay wurde darauf zum Nationalpark erklärt und die Population erholte sich. Die flinken Vögel bewegen sich unauffällig durch das dichte Unterholz der Busch- und Heidevegetation. Auf der Suche nach Insekten, kleinen Eidechsen und Fröschen wühlen sie mit ihren Schnäbeln in der Laubstreu und drehen Blätter oder Zweige um.

Der laute Gesang der männlichen Braunbauch-Dickichtvögel ist bis zu anderthalb Kilometern weit zu hören. Er besteht aus einer Folge schriller, in der Regel ansteigender Töne, die immer schneller wird und abrupt endet: *chip, chip chip, chip-ip-ip-ip!*

FELDBAUMRUTSCHER

– Climacteris picumnus –

Mit diesem Ruf signalisiert der Feldbaumrutscher eine leichte Warnung.

Der kleine, gedrungene Feldbaumrutscher ist in den ostaustralischen Wäldern heimisch. Weil er sich ähnlich wie jener verhält, bezeichnen ihn die Einheimischen auch als »Specht«, selbst wenn in Australien keine Vertreter dieser Vogelfamilie vorkommen. Feldbaumrutscher leben in der Regel allein, paarweise oder in kleinen Gruppen von drei bis acht Tieren. Auf der Suche nach Ameisen, Käfern und anderen Insekten stecken sie ihre schlanken Schnäbel in Löcher und Spalten in Baumstämmen und größeren Ästen oder schreiten langsam über den Boden.

Als häufigster Ruf des Feldbaumrutschers gilt ein lauter, schriller Einzelton, der als *pink*, *weet* oder *spink* beschrieben wird. Der Vogel stößt ihn einzeln oder schnell hintereinander als Stakkato aus. Mit diesem Ruf bringt er eine erste, leichte Warnung zum Ausdruck, bei zunehmender Angst geht er zu einem rasselnden *churr-churr-churr* über.

GRÜNSCHLÜPFER

– Acanthisitta chloris –

Auf Nahrungssuche ruft der Grünschlüpfer immer wieder *ssip*.

Der sehr aktive, kleine Grünschlüpfer oder Grenadier kommt nur in Neuseeland vor. Bei den Männchen ist der Rücken leuchtend grün, bei den Weibchen meist braun und gesprenkelt. Diese Vögel bevorzugen lockere Bergwälder, Buschland und Baumplantagen, manchmal dringen sie auch in Parks und Gärten vor. Ständig flatternd bewegen sie sich paarweise oder in kleinen Gruppen schnell zwischen Baumstämmen, Ästen, Zweigen und Blättern hin und her. Sie ernähren sich hauptsächlich von Käfern, Grillen, Fliegen, Motten und anderen Insekten sowie Raupen, fressen aber auch Spinnen und kleine Schnecken, Beeren und reife Früchte.

Die Lautäußerungen des Grünschlüpfers sind meist leise, einfach und hochtonig. Als häufigster Ruf gilt ein quietschendes, hohes *zipt* oder *ssip*, das Paare oft von sich geben, wenn sie nahe beieinander auf Nahrungssuche sind. Durch rasche Wiederholung ziehen sie ihn in die Länge: *zipt-zipt-zipt-zipt*. Der Ruf ist jedoch so leise, dass er schon mit dem Aufziehen einer Uhr verglichen wurde, und so hoch, dass ältere Menschen ihn manchmal kaum hören. Ein Warntriller, den die Grünschlüpfer im Flug von sich geben, wird als zeterndes *str-r-r* beschrieben.

PRACHTSTAFFELSCHWANZ

– Malurus cyaneus –

Der Gesang beider Geschlechter des Prachtstaffelschwanzes.

Die in Australien und Neuguinea endemischen kleinen Staffelschwänze gehören zu den entzückendsten Vögeln jener Weltgegend. Die Vertreter der Gattung *Malurus* beeindrucken durch ihr Federkleid, das teilweise in unterschiedlichen Blautönen leuchtet. Sie bewohnen sehr unterschiedliche Lebensräume und sind auf offenem Gelände sowie in Parks leicht zu entdecken. Der Prachtstaffelschwanz kommt im Südosten Australiens und auf Tasmanien vor und bevorzugt Grasland und Buschbestände im Wald sowie Sümpfe, Dickichte an Flüssen, Obstplantagen und Gärten. Er lebt meist in kleinen Familienverbänden, die ihr gemeinsames Territorium verteidigen. Diese Gruppen bewegen sich schnell durch Dickichte und hüpfen im Gras umher, um dort nach kleinen Insekten, Samen, Blumen und Früchten zu suchen. Das Federkleid der Weibchen leuchtet nicht blau, sondern ist auf der Oberseite mausbraun und auf der Unterseite wie bei den Männchen weißlich.

Beide Geschlechter singen, die Männchen häufiger als die Weibchen. Von der Spitze eines Strauches oder einem Zaunpfahl aus stimmen sie eine immer schneller werdende Folge kurzer, hoher *pip pip pip* an, die zu einem lauten, plätschernden Träller verschmilzt. Beobachter haben den Gesang auch schon mit dem Klang eines Blechweckers verglichen. Um mit ihrer Gruppe in Kontakt zu bleiben, rufen diese Vögel *prip-prip, scripp-scripp* oder *trrt-trrt*. Als Warnruf dient ihnen ein scharfes *chit*.

STREIFENPANTHERVOGEL

– Pardalotus striatus –

Die häufigste Lautäußerung dieser Art besteht
aus schnellen Doppel- oder Dreifachtönen.

Der wunderschöne kleine Streifenpanthervogel gehört zur Gattung der Panthervögel, die nur in Australien und Tasmanien vorkommen. Alle vier Arten sind klein und gedrungen, haben kurze Schnäbel und schwirren in den oberen Bereichen der Baumkronen von Eukalyptusbäumen umher. Ihr bunt gemustertes Gefieder mit gelben und roten Akzenten macht sie zu Lieblingen der Vogelkundler. Streifenpanthervögel bevorzugen Regen- und lichte Wälder, aber auch Orte in besiedelten Gebieten mit Bäumen wie Straßenränder, Parks und Gärten. Sie fliegen wendig und schnell von einem Baum zum nächsten und suchen in Baumkronen paarweise oder in Familiengruppen nach kleinen Insekten, die sie von Blättern picken. Nicht selten lassen sie sich auch kopfüber von Ästen hängen, um ein Blatt abzusuchen oder ein Insekt im Flug zu fangen.

Ihre meist lauten und weithin hörbaren Reviergesänge tragen die Panthervögel von exponierten Ansitzen aus vor. Sie beinhalten in der Regel mehrere Rufe, die wie *chip* klingen und oft wiederholt werden. Der Hauptgesang des Streifenpanthervogels wurde als *chip-chip, pick-it-up, wittachew* beschrieben, eine andere Lautäußerung klingt wie *widididup* oder *pretty-de-dick*. Zu den kurzen Rufen gehören ein leises *cheeeoo* und ein *pee-ew, pee-ew*.

BRAUNKOPF-LACKVOGEL

– Dasyornis brachypterus –

Das *chip-cherear-che* des Braunkopf-Lackvogels.

Wie auf den meisten anderen Kontinenten leben auch in Australien kleine und mittelgroße braune Vögel, die scheu durch die niedrige, dichte Vegetation und über den Boden fliegen. Da sie so unscheinbar sind, bekommen selbst Vogelkundler sie zwar zu hören, doch fast nie zu sehen. Zu dieser Sorte gehört der Braunkopf-Lackvogel oder Olivscheitel-Borstenvogel aus der Familie der Lackvögel bzw. Borstenvögel. Er bewohnt lichte Wälder sowie dichtes und weniger dichtes Buschland an der Küste Südostaustraliens. Er hüpft meist schnell und leise über den Boden und sucht dort nach Insekten und Samen. Gelegentlich fliegt er auch auf, um Käfer von Blättern zu picken oder in der Luft zu fangen. Paare gehen in der Regel gemeinsam in ihrem Revier auf Nahrungssuche.

Der laute, melodiöse und eher hochtonige Gesang des Braunkopf-Lackvogels besteht aus mehreren Pfeiftönen, die als *it-wooa weet eip* oder *chip-cherear-che* oder auch *sweet bijou* beschrieben werden. Den kurzen Gesang wiederholt der Vogel nicht selten etwa alle fünf Sekunden für fünf Minuten oder länger. Sein häufigster kurzer Ruf ist ein lautes *zit* oder *zeet*, zu den weiteren gehört ein schrilles *prist*.

ROTLAPPEN-HONIGFRESSER

– Anthochaera carunculata –

Das laute gackernde *yakayak* des Rotlappen-Honigfressers.

Der Rotlappen-Honigfresser mit seinem fleischigen roten Kehllappen unter den roten Augen gehört zu einer artenreichen Familie nektarfressender Vögel, die in Australien, Neuseeland, Neuguinea und im Südpazifik verbreitet sind. Er lebt in Eukalyptuswäldern, kommt aber auch in Obstplantagen, Parks und Gärten vor. Der laute, aggressive Vogel sucht meist paarweise oder in kleinen Schwärmen auf Bäumen, gelegentlich auch am Boden nach Nahrung. Er bevorzugt den Nektar von Eukalyptusblüten und fängt hin und wieder Insekten in der Luft. Das Verbreitungsgebiet der Art umfasst den südlichen Teil Australiens.

Die häufigste Lautäußerung des Rotlappen-Honigfressers, *yakayak* oder *yaak, yakyak*, klingt hüstelnd und rau. Häufiger zu hören ist auch ein sanftes, pfeifendes *pleu-pleu-pleu* oder *tew-tew-tew-tew*.

WEISSSTIRN-SCHWATZVOGEL

– Manorina melanocephala –

Der häufigste Ruf des Weißstirn-Schwatzvogels klingt wie das *ping* eines Pickels,
der auf Fels auftrifft.

Wer in Ostaustralien die Autobahn verlässt, um die Aussicht zu genießen, entdeckt auf Bäumen in der Nähe fast sicher zänkische Vögel, bei denen es sich um Weißstirn-Schwatzvögel handeln dürfte, die zur Familie der Honigfresser gehören. Sie bevorzugen lichte Wälder, leben aber auch in Parks und Gärten. Da die grauen Vögel sehr gesellig sind, trifft man sie das ganze Jahr über meist in Gruppen von fünf bis acht Tieren an. Gemeinsam suchen sie in ihrem Revier, das sie vehement verteidigen, im Laub der Bäume und am Boden nach Nektar, Insekten und Früchten.

Wie sein Name vermuten lässt, ist der Weißstirn-Schwatzvogel recht lautstark. Er gibt verschiedene durchdringende Rufe von sich, von denen der vermutlich häufigste wie *pwee-pwee-pwee* oder *tui-tui-tui* klingt. Auch Folgen von *woo-* oder *wee*-Rufen sind für ihn typisch.

TUI

– Prosthemadera novaeseelandiae –

Der Reviergesang eines Tui gehört in Neuseeland
am frühen Morgen zu den vertrauten Tönen.

Wer einen der nicht sehr zahlreichen endemischen Singvögel Neuseelands beobachten möchte, muss dafür oft große Mühen auf sich nehmen. Ganz anders verhält es sich damit beim Tui – der Vogel mit dem schwarz wirkenden Federkleid, das im Sonnenlicht grünlich und bläulich schimmert, und dem auffälligen weißen Federbüschel am Hals ist eher leicht aufzufinden. Er bewohnt vor allem Wälder und Buschland, kommt aber auch in Gärten auf dem Land und sogar in Vororten von Städten vor. Der in Neuseeland dominierende Honigfresser vertreibt aggressiv andere seiner Art sowie andere nektarfressende Vögel von seinen Futterplätzen. Tuis sieht man meist einzeln oder in kleinen Gruppen auf Bäumen fressen – bevorzugt Nektar, aber auch Früchte und große Insekten, wenn jener knapp wird.

In der Regel gehört der Tui zu den ersten Vögeln, die man in Neuseeland in der Morgendämmerung hört. Sein Gesang besteht aus einer Folge sonorer, wohlklingender Lautäußerungen, oft gemischt mit Klicks, Grunzern, Gurgeln, Husten, Krächzern oder auch glockenähnlichen Tönen. Ein hohes, wimmerndes *ke-e-e-e* dient der Art womöglich als Warnruf.

MAORI-GLOCKENHONIGFRESSER

– Anthornis melanura –

Ein kleiner Ausschnitt aus dem Gesangsrepertoire
des Maori-Glockenhonigfressers.

Der kleine, wendige, grünliche Maori-Glockenhonigfresser hat einen kurzen, nach unten gebogenen Schnabel, mit dem er Nektar aus Blüten saugt. Er kommt in ganz Neuseeland mit Ausnahme des Nordens der Nordinsel vor und bevorzugt Wälder, Buschland, Obstgärten und Parks. Seine Nahrung, die hauptsächlich aus Blütennektar, aber auch aus Insekten und Spinnen besteht, findet er auf Bäumen, gelegentlich auch am Boden oder in der Luft. Bei einem Mangel an Blüten frisst er auch Früchte. Besonders die Männchen sind dafür bekannt, gute Nektarquellen aggressiv zu verteidigen und andere Glockenvögel im selben Baum zu verjagen.

Der Gesang des neuseeländischen Glockenvogels ist vielfältig und besteht aus einer Folge lauter, klarer Töne. Einige klingen flötenartig, andere glockenähnlich. Eine Singvogelstudie zählt den Maori-Glockenhonigfresser zu den 20 »besten Sängern« der Welt. Andere Lautäußerungen dieser Art klingen klirrend oder scheppernd, eine wie *zizz*.

SCHARLACHSCHNÄPPER

– Petroica boodang –

Ein typisches Beispiel für den Gesang des männlichen Scharlachschnäppers.

Zu den in Australasien weitverbreiteten Vogelfamilien gehören die kleinen, eher plumpen Schnäpper mit ihren großen, runden Köpfen, ihren viereckigen Schwänzen und häufig auch weißen Flügelbinden. Einige Arten sind gelb, andere überwiegend braun oder grau gefärbt. Der Scharlachschnäpper hat seinen Namen von seiner scharlachroten Brust und kommt in drei Regionen vor: im Südwesten und Südosten Australiens sowie auf Tasmanien. Er bewohnt dort lichte Wälder, insbesondere Eukalyptuswälder und ernährt sich vorwiegend von Insekten, die er am Boden oder in Bodennähe findet. Dazu hält er von einem niedrigen Ansitz wie einem Ast oder Baumstumpf aus Ausschau nach Beute und greift sie sich, wenn er eine entdeckt hat, im Sturzflug vom Boden oder fliegt auf, um sie in der Luft zu fangen.

Scharlachschnäpper trällern vor allem in den Morgenstunden wunderschöne Gesänge, die als *wee-cheedulee-duhlee* oder *diddle-lee, diddle-lee* beschrieben werden. Zu seinen häufigen kurzen Rufen gehören *chup*, *pip* oder *ptek* sowie, wenn sie schimpfen, *chuck-chuck-chuck*.

DSCHUNGELFLÖTER

– Orthonyx temminckii –

Der Dschungelflöter ruft für gewöhnlich *quick!*

Der hübsche, leicht untersetzte Dschungelflöter ist in den Regenwäldern an der Südostküste Australiens recht häufig. Er gehört mit zwei anderen Arten zur Familie der Stachelschwanzflöter, die ihren Namen von den »Stacheln« (kurzen, kahlen Federschäften) haben, die aus dem Schwanz herausragen. Die Art lebt in festen Gruppen von bis zu sechs Tieren, die ihr Revier gemeinsam verteidigen. Manchmal stützt sich der Dschungelflöter auf seine »Stacheln« ab, um das Gleichgewicht zu halten, während er mit seinen großen Füßen auf der Suche nach Insekten, Schnecken und anderen winzigen Wirbellosen den Waldboden aufscharrt. Er fliegt nur selten und wenn, nur kurze Strecken. Sowohl auf Nahrungssuche als auch auf der Flucht vor Gefahren läuft und hüpft er schnell.

Die weithin hörbaren Gesänge des Dschungelflöters bestehen aus einer langen Folge von Tönen, die meist wie *quick* oder *kweek* klingen. Mit einem wiederholten *be-kweek-kweek-kweek-kweek* oder *be-quick, be-quick-quick-quick-quick* markiert er sein Revier und kündigt dessen Verteidigung an. Ein typischer langer Ruf wird mit *tu-weete-weete-weete* wiedergegeben. Gruppen von Waldläufern halten auf Nahrungssuche mit häufigen Rufen untereinander Kontakt.

GRAUSCHEITELJAHOO

— *Pomatostomus temporalis* —

Die lauten Rufe einer Grauscheiteljahoo-Familie.

Die hübschen, mittelgroßen Grauscheiteljahoos oder Grauscheitelsäbler bewohnen lichte Wälder und Baumsavannen in vielen Teilen Australiens. Sie sind sehr gesellig und leben in Gruppen von zehn oder mehr Tieren, die gemeinsam fressen, schlafen und ihr Revier aggressiv verteidigen. Auf Nahrungssuche bewegen sich diese Vögel schnell über den Boden und durchs Gebüsch. Um versteckte Käfer zu entdecken, drehen sie mit ihren Schnäbeln tote Blätter und herabgefallene Rindenstücke um. Weitere Beute finden sie im unteren Bereich von Baumstämmen und Sträuchern. Neben Käfern fressen sie Spinnen, winzige Frösche und Reptilien sowie gelegentlich Samen und Früchte.

Der Grauscheiteljahoo ist sehr lautstark. Sein bekanntester Ruf ist ein kurzes Duett, das sich so anhört, als stamme es von einem einzelnen Vogel: Das *ya-hoo*, nach dem dieser Vogel im Deutschen benannt ist, setzt sich jedoch in Wirklichkeit aus einem hohen *awoo* des Männchens und einem *yah* seiner Partnerin zusammen. Dieses Duett wiederholt das Vogelpaar in der Regel mehrmals hintereinander. Einzelne Vögel und Gruppen geben auch glucksende oder bellende Rufe von sich, während ein anderer häufiger Ruf wie *wee-oo, wee-oo* oder *peeoo, peeoo* klingt.

SCHWARZSCHOPFFLÖTER

– Psophodes olivaceus –

Der peitschenknallartige Ruf der Australflöterart mit dem schwarzen Schopf.

Der Schwarzschopfflöter ist in den östlichen Küstenregenwäldern und feuchten Wäldern Australiens heimisch und für seine das ganze Jahr über ertönenden, ohrenbetäubenden, peitschenknallartigen Rufe bekannt. Diese Bodenvogelart lebt in der Regel in Paaren oder kleinen Familienverbänden und bewegt sich schnell hüpfend durch das Unterholz. Sie sucht auf dem Boden oder in Bodennähe nach Insekten, frisst aber auch Samen und hin und wieder eine kleine Eidechse.

Schwarzschopfflöter bekommt man viel öfter zu hören als zu sehen. Paare auf Nahrungssuche rufen einander in kurzen Duetten zu: Das Männchen beginnt mit einem einleitenden Ton, gefolgt von einem peitschenknallartigen Ruf, das Weibchen antwortet sofort mit einer schnellen Folge scharfer Töne: *choo-choo* oder *witch-a-wee* oder auch *awee-awee*. Zum Stimmrepertoire dieser Art gehören ferner ein melodiöses Glucksen sowie verschiedene krächzende und gackernde Rufe.

GELBBAUCH-DICKKOPF
– Pachycephala pectoralis –

Ein Gelbbauch-Dickkopf gibt zwei Varianten seines Gesangs zum Besten.

Der Gelbbauch-Dickkopf ist seinem Namen entsprechend an der Unterseite leuchtend gelb gefärbt und zählt zu den schönsten Vertretern seiner Vogelfamilie mit den dicken runden Köpfen. Er ist im südlichen und östlichen Australien sowie in Neuguinea weitverbreitet und bewohnt Regen- und Eukalyptuswälder sowie Buschland. Diesen Dickkopf sieht man in der Regel allein, in der Brutzeit paarweise. Er hält sich meist in Baumkronen auf und hüpft auf der Suche nach Insekten schnell von Ansitz zu Ansitz.

Der Gelbbauch-Dickkopf zählt zu den begnadeten Sängern seiner Weltregion. Seine Lieder enthalten viele wiederholte liebliche und reine Töne und enden oft abrupt. Sie klingen wie *choo-choo-choo-chip*, *wheat-wheat-wheat-WHITTLE* und *peep-peep-peep-peep-pu-wit*. Der übliche Ruf dieses Vogels ist ein ansteigendes *seeep*.

RUSSWÜRGERKRÄHE

– Strepera versicolor –

Die charakteristischen Rufe einer Rußwürgerkrähe.

Die große, graue Rußwürgerkrähe hat gelbe Augen und einen äußerst kräftigen Schnabel. Wie ihr Name andeutet, sieht sie einer Krähe nicht unähnlich, ist mit den Rabenvögeln jedoch nur entfernt verwandt. Die Art ist im Süden und im Zentrum Australiens weitverbreitet und bewohnt sehr unterschiedliche Habitate von Wäldern über Buschland bis zu Obstgärten und Parks. Rußwürgerkrähen leben allein, paarweise oder in Familiengruppen und bilden im Winter manchmal größere Schwärme. Da sie auf Nahrungssuche sehr laut sind, entdecken Vogelkundler sie oft dabei auf Bäumen. Sie fressen hauptsächlich größere Insekten, die sie auf Baumrinden, im Laub oder auf dem Boden finden. Außerdem verachten sie auch Wirbeltiere wie kleinere Vögel und Eidechsen, Früchte und Abfälle nicht.

Die Würgerkrähen sind eine Unterfamilie der Schwalbenstarverwandten und werden wegen ihrer flötenden Rufe auch als Flötenvögel bezeichnet. Die charakteristischen Lautäußerungen der Rußwürgerkrähe werden je nach Region als *clink-clank*, *kling-klang*, *chding-chding*, *ker-link* und *keer-keer-kink* beschrieben. Typisch für diese Vögel sind auch laute, klare, glockenartige Rufe, einem Miauen nicht unähnlich. Andere Rufe wurden schon mit den Klängen einer Spielzeugtrompete verglichen.

SÜDINSEL-SATTELVOGEL

– Philesturnus carunculatus –

Der Reviergesang des Südinsel-Sattelvogels.

Der Südinsel-Sattelvogel ist eine bedrohte Art aus der Familie der Lappenvögel, die nur noch auf elf kleinen küstennahen Inseln Neuseelands vorkommt. Hier sind diese Vögel vor Raubtieren wie Ratten und Katzen sicher, die der Mensch eingeschleppt hat. Sie fallen durch ihr schwarz glänzendes Gefieder, den leuchtend rotbraunen »Sattel« und die kleinen, rötlichen, fleischigen Kehllappen auf, die vom Schnabelansatz herabhängen. Diese Vögel bevorzugen Wälder und Buschland und bewegen sich auf der Suche nach Nahrung meist von Baum zu Baum, finden diese aber auch am Boden. Sie fressen Insekten und andere kleine wirbellose Tiere sowie Beeren und zur Abwechslung Nektar. Mit ihren kurzen Flügeln gehören sie zu den schlechten Fliegern, und so springen sie stattdessen für gewöhnlich mit ihren kräftigen Beinen von Ast zu Ast oder hüpfen über den Boden. Im Flug legen sie allenfalls kurze Strecken zurück.

Sattelvögel leben paarweise in einem eigenen Revier und markieren dieses lautstark und oft. Zu ihrem umfangreichen Gesangsrepertoire gehören klare und melodiöse Lautäußerungen wie *chee-per-per*, aber auch plappernde und schrille wie *cheet, te-te-te-te-te*. Von den Rufen sollen hier *zweet zweet* und der Warnruf *GET-up* als Beispiele angeführt werden.

RAGGI-PARADIESVOGEL

– Paradisaea raggiana –

Der Balzgesang eines männlichen Raggi-Paradiesvogels.

Paradiesvögel gehören zweifelsohne zu den exotischsten und atemberaubendsten fliegenden Tieren der Welt. Das gilt auch für die Raggi-Paradiesvögel, deren Männchen durch ihr rötliches Gefieder mit dem mitunter über 50 Zentimeter langen mittleren Steuerfederpaar und den leuchtenden gelben und grünen Flecken beeindrucken. Den schlichter gefärbten Weibchen fehlt das lange Steuerfederpaar. Der Raggi-Paradiesvogel bewohnt in weiten Teilen Neuguineas vor allem Wälder in niedrigen und mittleren Höhenlagen sowie andere bewaldete Habitate, kommt aber auch an Waldrändern und in Gärten vor. Wie andere Paradiesvögel frisst er Früchte, in seinem Fall vor allem Feigen. Außerdem sucht er auf Rindenoberflächen und Blättern in den Baumkronen nach Insekten.

Nicht nur das Gefieder, sondern auch die Balz sind bei den Paradiesvögeln exotisch. Die Männchen locken die Weibchen mit langen Folgen lauter, hoher Töne zu einem gemeinsamen Balzplatz, der in der Biologie als Lek bezeichnet wird. Sobald die Weibchen dort eintreffen, beginnen die Männchen mit ihrer Balzvorstellung: Sie schlagen mit den Flügeln und bewegen die Köpfe auf und ab, während sie unablässig rufen. Zu den längeren Rufen der Raggi-Paradiesvögel gehören ein mit der Zeit immer lauter werdendes *wau wau wau wau wau WAU WAAUU WAAUU WAAAUUU* und ein schnelles, hohes *wok wok wok wak wak wak waagh waagh.*

ZAHNLAUBENVOGEL

– Scenopoeetes dentirostris –

Ein Ausschnitt aus dem umfangreichen Stimmrepertoire
des Zahnlaubenvogels.

Laubenvögel sind faszinierend, denn die Männchen bauen aus Zweigen oder anderen Pflanzenmaterialien als Lauben bezeichnete Balzplätze. Diese präsentieren sie den Weibchen, um sie so zur Paarung zu bewegen. Die Laube oder Tenne des Zahnlaubenvogels ist einfach: eine kreisförmige Fläche auf dem Waldboden, die das Männchen mit ein paar großen grünen Blättern dekoriert. Diese Vogelart kommt nur in Bergregenwäldern in einem kleinen Winkel Nordostaustraliens vor. Mit dem gezahnten Schnabel können die Tiere Blätter besser abrupfen und zerkleinern. Zahnlaubenvögel suchen allein, zu zweit oder auch in kleinen Gruppen auf Bäumen und am Boden nach Nahrung, die aus Früchten und Blättern sowie zu einem geringen Teil aus kleinen Tieren wie Insekten, Spinnen und Würmern besteht.

Am lautesten singen Zahnlaubenvögel während der Brutzeit. Mit ihren seltsamen Balzgesängen, in die sie oft Lautäußerungen anderer Vogelarten wie Papageien einflechten, locken sie die Weibchen in ihre Lauben. Diese Gesänge beginnen mit leisen glucksenden Tönen, gefolgt von einem Potpourri aus Schnattern, Zirpen, Zwitschern und Pfeifen. Zu den kurzen Rufen gehören ein lautes, fröhliches Zirpen und ein leises Raspeln.

IIWIKLEIDERVOGEL

– Vestiaria coccinea –

Der Gesang eines männlichen Iiwikleiderfvogels
in den Bergen Hawaiis.

Von den ursprünglich 34 Kleidervögeln, die nur auf der Hawaii-Inselkette heimisch sind und zu den Finken gehören, haben nur etwa 18 bis heute überlebt. Der knallrote Iiwi mit den schwarzen Flügeln und dem langen, sichelförmigen Schnabel kommt auf den meisten Hauptinseln in den höher gelegenen Wäldern ab etwa 1000 bis 1500 Metern über dem Meer vor. Der Iiwikleidervogel ernährt sich hauptsächlich vom Blütennektar der Bäume und Sträucher, frisst aber auch Insekten. Normalerweise sieht man ihn von Baum zu Baum fliegen oder auf belaubten Ästen – nicht selten kopfüber – nach Nahrung suchen. Während auf einigen Inseln noch größere Populationen festgestellt werden, gilt er auf anderen als mehr oder weniger gefährdet. Insbesondere Krankheiten wie die Vogelmalaria und die Vogelpocken, deren Erreger eingeschleppt wurden, haben seine Bestände stark dezimiert, deshalb betrachtet die Regierung des Bundesstaates Hawaii ihn mittlerweile als bedrohte Art.

Der Gesang des Iiwikleidervogels ist vielfältig und besteht aus einer langsamen Folge von glucksenden, knirschenden, pfeifenden und näselnden Tönen. Manche Pfiffe dieser eleganten Vögel kann man leicht mit denen von Menschen verwechseln. Zu den weiteren Lautäußerungen gehören quiekende Rufe wie *eek* oder *coo-eek* und ein lauter Ruf, der an das Schließen einer Tür mit einem rostigen Scharnier erinnert: *ee-vee* oder *ii-wi*.

PALILA

– Loxioides bailleui –

Seinen hawaiischen Namen hat der Palila
von seinem Ruf: *pa-li-la*.

Der Palila oder Schwarzmasken-Kleidervogel ist nur noch auf der Insel Hawaii heimisch und vom Aussterben bedroht. Der kräftige schwarze Schnabel des hübschen Vogels mit dem gelben, weißen und grauen Federkleid erinnert an den eines Finken. In der Tat gehört der Palila als Kleidervogel zu jener Familie. Er kommt nur noch in den Wäldern an den oberen Hängen des Vulkans Mauna Kea vor und frisst in erster Linie Samen. Dazu rupft er mit seinem Schnabel die jungen Hülsenfrüchte von der einheimischen Mamane-Pflanze. Anschließend fliegt er damit auf einen Baum, hält die Schoten mit den Füßen fest und öffnet sie mit seinem Schnabel, um an die Samen zu gelangen. Außerdem fressen Palilas auch Früchte, Blumen, Blätter und gelegentlich Insekten. Sie leben normalerweise in kleinen Gruppen von drei bis fünf Vögeln.

Von seinem wohl häufigsten Ruf, der wie ein trällerndes *pa-li-la* klingt, hat dieser Vogel seinen Namen. Auch ein Zwitschern und undeutliche Pfiffe können Vogelfreunde von ihm hören. Seine Gesänge bestehen aus langen Folgen komplexer Lautäußerungen wie Tirilieren, Trällern und Pfeifen.

ÜBER DEN AUTOR

LES BELETSKY ist Autor und Herausgeber von naturkundlichen Schriften. Mit dem Schreiben begann der Ornithologe nach zwei Jahrzehnten Verhaltensforschung an Vögeln, wobei er sich insbesondere mit ihren Lautäußerungen und ihrem Brutverhalten befasste. Er hat alleine oder als Co-Autor über drei Dutzend Abhandlungen und vier Bücher über Vögel verfasst, von denen eines von der *Wildlife Society* als Buch des Jahres zur Ökologie der Wildtiere ausgezeichnet wurde. Auf seinen zahlreichen Reisen nach Amerika, Afrika, Asien und Australien hat der begeisterte Vogelkundler die besten Locations für die Tierbeobachtung weltweit besucht. Dabei stellte er fest, dass es an Reiseführern fehlte, die sich ganz speziell an Tierfreunde richten, und begründete die Serie der *Travellers' Wildlife Guides*. Er hat zwölf dieser bebilderten Reiseführer (mit)verfasst, die Vögel und andere Wildtiere beschreiben, denen Reisende in einem bestimmten Land begegnen.

Das *Cornell Lab of Ornithology* ist eine Non-Profit-Organisation, die es sich zur Aufgabe gemacht hat, die biologische Vielfalt der Erde – insbesondere bei den Vögeln – zu studieren und zu ihrer Erhaltung beizutragen. Mit der *Macaulay Library* verfügt es über eine umfangreiche Sammlung von Tonaufnahmen, die in Forschung, Bildung, Naturschutz, Medien und auch in kommerziellen Produkten Anwendung finden. Deren Bestände umfassen über 160 000 Aufnahmen, die 67 Prozent aller Vögel repräsentieren und in den 80 Jahren seit der Gründung der Bibliothek gesammelt wurden. Dazu kommt eine stetig wachsende Anzahl von Aufnahmen von Lautäußerungen anderer Tiere wie Insekten, Fischen, Fröschen und Säugetieren.

Auf *www.birds.cornell.edu* stellt das *Cornell Lab of Ornithology* der Öffentlichkeit einen Online-Vogelführer, Citizen-Science-Projekte und grundlegende Informationen zu Vögeln sowie viele weitere Informationen zur Verfügung.

DIE ILLUSTRATOREN

DAVID NURNEY ist ein erfahrener Zeichner, der sich auf Vögel spezialisiert hat und in viele Teile der Welt gereist ist, um sie zu beobachten. Zu seinen Buchveröffentlichungen gehören: *Birds of the World* (Johns Hopkins University Press, 2006), *Bird Songs: 250 North American Birds in Song* (Chronicle Books, 2006), *Nightjars: A Guide to the Nightjars, Nighthawks, and Their Relatives* (Yale University Press, 1998), *Pocket Guide to the Birds of Britain and North-West Europe* (Yale University Press, 1998) und *Woodpeckers: An Identification Guide to the Woodpeckers of the World* (Houghton Mifflin, 1995). Er hat auch illustrierte Vogeltafeln für das umfangreiche *Handbook of the Birds of the World* beigesteuert.

MIKE LANGMAN arbeitete ab 1983 neun Jahre lang für die *Royal Society for the Protection of Birds* (RSPB) im englischen Bedfordshire. Neben Plakaten zur Vogelbestimmung und großen Wandbildern in den Informationszentren der RSPB-Naturschutzgebiete zeugen auch zahlreiche Illustrationen auf der RSPB-Website von seiner regen Tätigkeit in jener Zeit. Seit 1992 zeichnet Langman hauptberuflich Vögel. Er hat schon Dutzende Bücher für britische Verlage und Beiträge in britischen Zeitschriften für Vogelbeobachtung illustriert, darunter den *Mitchell Beazley Pocket Guide to Garden Birds* (Bounty Books, 2008), *Field Guide to the Birds of the Middle East* (T. & A.D. Poyser, 1996) und *A Guide to the Birds of Southeast Asia* (Princeton University Press, 2000). In den vierteljährlich erscheinenden Vogelmagazinen der RSPB sind regelmäßig Illustrationen von diesem Künstler abgedruckt, der ehrenamtlich als verantwortlicher Grafiker für die *Devon Birds Society* arbeitet.

QUELLEN

Beaman, M. und S. Madge. *The Handbook of Bird Identification for Europe and the Western Palearctic*. Princeton: Princeton University Press, 1998.

Beehler, B. M., T. K. Pratt und D. A. Zimmerman. *Birds of New Guinea*. Princeton: Princeton University Press, 1986.

BirdLife International. *Threatened Birds of the World*. Barcelona and Cambridge: Lynx Editions and BirdLife International, 2000.

Brewer, D. *Wrens, Dippers, and Thrashers*. New Haven: Yale University Press, 2001.

Clement, P. *Thrushes*. Princeton: Princeton University Press, 2000.

del Hoyo, J., A. Elliott und J. Sargatal (Hrsg.). *Handbook of the Birds of the World*, Vol. 7. Barcelona: Lynx Editions, 2002.

Forshaw, J. M. *Parrots of the World*. Princeton: Princeton University Press, 2006.

Frith, C. B. und B. M. Beehler. *Bird Families of the World: The Birds of Paradise*. Oxford: Oxford University Press, 1998.

Fry, C. H. und S. Keith (Hrsg.). *The Birds of Africa, Vol. VII*. Princeton: Princeton University Press, 2004.

Gibbs, D., E. Barnes und J. Cox. *Pigeons and Doves: A Guide to the Pigeons and Doves of the World*. New Haven: Yale University Press, 2001.

Grimmet, R., C. Inskipp und T. Inskipp. A Guide to the Birds of India, Pakistan, Nepal, Bangladesh, Bhutan, Sri Lanka, and the Maldives. Princeton: Princeton University Press, 1999.

Heather, B. und H. Robertson. Field Guide to the Birds of New Zealand. Oxford: Oxford University Press, 1997.

Howell, S. N. G. und S. Webb. A Guide to the Birds of Mexico and Northern Central America. New York: Oxford University Press, 1995.

Jaramillo, A. und P. Burke. New World Blackbirds. Princeton: Princeton University Press, 1999.

Jones, D. N., R. W. R. J. Dekker und C. S. Roselaar. Bird Families of the World: The Megapodes. Oxford: Oxford University Press, 1995.

Langrand, O. Guide to the Birds of Madagascar. New Haven: Yale University Press, 1990.

Madge, S. und H. Burn. Crows and Jays. Princeton: Princeton University Press, 1994.

Mullarney, K., L. Svensson, D. Zetterstrom und P. J. Grant. Birds of Europe. Princeton: Princeton University Press, 1999.

Pizzey, G. und F. Knight. A Field Guide to the Birds of Australia. Sydney: HarperCollins Publishers, 1997.

Pratt, H. D. Bird Families of the World: The Hawaiian Honeycreepers. Oxford: Oxford University Press, 2005.

Raffaele, H., J. Wiley, O. Garrido, A. Keith und J. Raffaele. A Guide to the Birds of the West Indies. Princeton: Princeton University Press, 1998.

Rassmussen, P. C. und J. C. Anderton. Birds of South Asia: The Ripley Guide, Vol 2. Washington D. C. and Barcelona: Smithsonian Institution and Lynx Editions, 2005.

Ridgely, R. S. und J. A. Gwynne. A Guide to the Birds of Panama. Princeton: Princeton University Press, 1989.

Ridgely, R. S. und G. Tudor. The Birds of South America, Vol I. Austin: University of Texas Press, 1989.

Ridgely, R. S. und G. Tudor. The Birds of South America, Vol II. Austin: University of Texas Press, 1994.

Ridgely, R. S. und P. J. Greenfield. The Birds of Ecuador: Field Guide. Ithaca: Comstock Publishing, 2001.

Robson, C. A Guide to the Birds of Southeast Asia. Princeton: Princeton University Press, 2000.

Sick, H. Birds in Brazil. Princeton: Princeton University Press, 1993.

Stevenson, T. und J. Fanshawe. Field Guide to the Birds of East Africa. London: T. & A. D. Poyser, 2002.

Stiles, F. G. und A. F. Skutch. A Field Guide to the Birds of Costa Rica. Ithaca: Cornell University Press, 1989.

Wells, D. R. The Birds of the Thai-Malay Peninsula, Vol I. London: Academic Press, 1999.

BILD- UND TONNACHWEIS

BILDER

Mike Langman: S. 299, 302 f-, 305, 307, 309, 318, 321, 324 f., 329, 331, 333–335, 337, 339, 341, 343, 345–347, 349, 353, 355, 357, 359, sämtliche Illustrationen der Kapiteleinleitungen: S. 8 f., 58 f., 124 f., 168 f., 230 f. und 296 f.

David Nurney: S. 11–13, 15, 17, 19, 21–23, 25, 27, 29–31, 33, 35, 37, 39–41, 43, 45–47, 49, 51, 53, 55, 57, 61, 63, 65–67, 69, 71, 73, 75, 77–79, 81, 83, 85, 87, 89, 91, 93, 95–97, 99, 101–103, 105-107, 109, 111-113, 115, 117, 119, 121, 123, 127, 129, 130 f., 133, 135, 137, 139, 141–143, 145, 147, 149, 151–153, 155, 157–159, 161, 163, 165, 167, 171, 173, 175–177, 179, 181, 183, 185, 187–189, 191, 193, 195, 197, 199, 201–203, 205, 207, 209, 210–213, 215, 217, 219, 221, 223–225, 227, 229, 233, 235, 237, 239, 241, 243, 245, 247, 249, 251, 253, 255, 257, 259, 261, 263, 265, 267–269, 271–273, 275–279, 281, 283–285, 287, 289, 291, 293, 295, 301, 311, 313, 315, 317, 319, 323, 327, 351.

Shutterstock: Handy auf S. on 366

TÖNE

QR-Ton auf S. 10: Charles A. Sutherland, **S. 12:** Paul A. Schwartz, **S. 13:** Geoffrey A. Keller, **S. 14:** Linda R. Macaulay, **S. 16:** Edgar B. Kincaid, **S. 18:** Mark B. Robbins, **S. 20:** George B. Reynard, **S. 22:** Curtis A. Marantz, **S. 23:** Theodore A. Parker III, **S. 24:** Walter A. Thurber, **S. 26:** William Guion, **S. 28:** Mathew D. Medler, **S. 30:** Gregory F. Budney, **S. 31:** L. Irby Davis, **S. 32:** Arthur A. Allen, Peter Paul Kellogg, **S. 34:** Geoffrey A. Keller, **S. 36:** Paul A. Schwartz, **S. 38:** Geoffrey A. Keller, **S. 40:** Gregory F. Budney, **S. 41:** L. Irby Davis, **S. 42:** Geoffrey A. Keller, **S. 44:** Peter Paul Kellogg, **S. 46:** Curtis A. Marantz, **S. 47:** Curtis A. Marantz, **S. 48:** Geoffrey A. Keller, **S. 50:** L. Irby Davis, **S. 52:** Mathew D. Medler, **S. 54:** Paul A. Schwartz, **S. 56:** Mathew D. Medler, **S. 60:** Theodore A. Parker III, **S. 62:** L. Irby Davis, **S. 64:** Mathew D. Medler, **S. 66:** Curtis A. Marantz, **S. 67:** William W. H. Gunn, **S. 68:** Curtis A. Marantz, **S. 70:** Mathew D. Medler, **S. 72:** David Michael, **S. 74:** Curtis A. Marantz, **S. 76:** Curtis A. Marantz, **S. 78:** William Belton, **S. 79:** Linda R. Macaulay, **S. 80:** J. Duncan MacDonald, **S. 82:** Curtis A. Marantz, **S. 84:** Curtis A. Marantz, **S. 86:** Curtis A. Marantz, **S. 88:** Curtis A. Marantz, **S. 90:** Curtis A. Marantz, **S. 92:** Curtis A. Marantz, **S. 94:** Mathew D. Medler, **S. 96:** Curtis A. Marantz, **S. 97:** David Michael, **S. 98:** William V. Ward, **S. 100:** Thomas H. Davis, **S. 102:** Gregory F. Budney, **S. 103:** William Belton, **S. 104:** Theodore A. Parker III, **S. 106:** Steven R. Pantle, **S. 107:** Curtis A. Marantz, **S. 108:** Paul A. Schwartz, **S. 110:** Curtis A. Marantz, **S. 112:** Mathew D. Medler, **S. 113:** Geoffrey A. Keller, **S. 114:** Paul A. Schwartz, **S. 116:** Mathew D. Medler, **S. 118:** Myles E. W. North, **S. 120:** Myles E. W. North, **S. 122:** Myles E. W. North, **S. 126:** Myles E. W. North, **S. 128:** Myles E. W. North, **S. 130:** Myles E. W. North, **S. 131:** Myles E. W. North, **S. 132:** Myles E. W. North, **S. 134:** Jennifer F. M. Horne, **S. 136:** Myles E. W. North, **S. 138:** Myles E. W. North, **S. 140:** Clem Haagner, **S. 142:** Jennifer F. M. Horne, **S. 143:** Linda R. Macaulay, **S. 144:** Linda R. Macaulay, **S. 146:** Linda R. Macaulay, **S. 148:** Jennifer F. M. Horne, **S. 150:** Carolyn S. McBride, **S. 152:** Myles E. W. North, **S. 153:** Ian Sinclair, **S. 154:** Jennifer F. M. Horne, **S. 156:** Linda R. Macaulay, **S. 158:** Boris N. Veprintsev, **S. 159:** Arnoud B. van den Berg, **S. 160:** Myles E. W. North, **S. 162:** Arthur A. Allen, Peter Paul Kellogg, **S. 164:** Gregory F. Budney, **S. 166:** Arnoud B. van den Berg, **S. 170:** Linda R. Macaulay, **S. 172:** Geoffrey A. Keller, **S. 174:** Gregory F. Budney, **S. 176:** Myles E. W. North, **S. 177:** Myles E. W. North, **S. 178:** Theodore A. Parker III, **S. 180:** Jennifer F. M. Horne, **S. 182:** Dale A. Zimmerman, **S. 184:** Marian P. McChesney, **S. 186:** Myles E. W. North, **S. 188:** Myles E. W. North, **S. 189:** Marian P. McChesney, **S. 190:** Myles E. W. North, **S. 192:** Linda R. Macaulay, **S. 194:** Myles E. W. North, **S. 196:** Linda R. Macaulay, **S. 198:** Vladimir M. Loscot, **S. 200:** Vasily Verschinin, **S. 202:** Boris N. Veprintsev, Vladimir V. Leonovich, **S. 204:** Boris N. Veprintsev, **S. 206:** Vladimir M. Loscot, **S. 208:** Boris N. Veprintsev, **S. 210:** Vladimir M. Loscot, **S. 211:** Wayne W. Hsu, **S. 212:** Arnoud B. van den Berg, **S. 213:** Scott Connop, **S. 214:** Scott Connop, **S. 216:** Linda R. Macaulay, **S. 218:** Linda R. Macaulay, **S. 220:** Curtis A. Marantz, **S. 222:** Linda R. Macaulay, **S. 224:** Linda R. Macaulay, **S. 225:** Sheldon R. Severinghaus, **S. 226:** Linda R. Macaulay, **S. 228:** Linda R. Macaulay, **S. 232:** Linda R. Macaulay, **S. 234:** Curtis A. Marantz, **S. 236:** Geoffrey A. Keller, **S. 238:** Linda R. Macaulay, **S. 240:** Linda R. Macaulay, **S. 242:** Edward W. Cronin, **S. 244:** Scott Connop, **S. 246:** Linda R. Macaulay, **S. 248:** Linda R. Macaulay, **S. 250:** Linda R. Macaulay, **S. 252:** William V. Ward, **S. 254:** Joseph T. Marshall, **S. 256:** Linda R. Macaulay, **S. 258:** Andrea L. Priori, **S. 260:** Linda R. Macaulay, **S. 262:** Linda R. Macaulay, **S. 264:** Linda R. Macaulay, **S. 266:** Wiliam V. Ward, **S. 268:** Linda R. Macaulay, **S. 269:** Arnoud B. van den Berg, **S. 270:** J. Snelling, **S. 272:** Paul Coopmans, **S. 273:** Andrea L. Priori, **S. 274:** Andrea L. Priori, **S. 276:** Gregory F. Budney, **S. 277:** Boris N. Veprintsev, **S. 278:** Boris N. Veprintsev, **S. 279:** Boris N. Veprintsev, **S. 280:** Vladimir M. Loscot, **S. 282:** William V. Ward, **S. 284:** William V. Ward, **S. 285:** Linda R. Macaulay, **S. 286:** Marian P. McChesney, **S. 288:** Andrea L. Priori, **S. 209:** F. N. Robinson, **S. 292:** D. L. Serventy, **S. 294:** Fred W. Loetscher, **S. 298:** Scott Connop, **S. 300:** Linda R. Macaulay, **S. 302:** Eleanor Brown, **S. 303:** Gregory F. Budney, **S. 304:** Gregory F. Budney, **S. 306:** Fred W. Loetscher, **S. 308:** Fred W. Loetscher, **S. 310:** F. N. Robinson, **S. 312:** Wiliam V. Ward, **S. 314:** Wiliam V. Ward, **S. 316:** Herald Pooleck, **S. 318:** Linda R. Macaulay, **S. 319:** F. Cusack, **S. 320:** Leslie B. McPherson, **S. 322:** Curtis A. Marantz, **S. 324:** Linda Macaulay, **S. 325:** Linda Macaulay, **S. 326:** Peter A. Hosner, **S. 328:** Linda R. Macaulay, **S. 330:** Curtis A. Marantz, **S. 332:** R. J. Shallenberger, **S. 334:** Curtis A. Marantz, **S. 335:** Fred W. Loetscher, **S. 336:** H. Douglas Pratt, **S. 338:** H. Douglas Pratt, **S. 340:** Linda R. Macaulay, **S. 342:** Fred W. Loetscher, **S. 344:** Scott Connop, **S. 346:** Kenneth F. Scriven, **S. 347:** Fred W. Loetscher, **S. 348:** Scott Connop, **S. 350:** Scott Connop, **S. 352:** Scott Connop, **S. 354:** Scott Connop, **S. 356:** F. Trillmich, **S. 358:** H. Douglas Pratt

REGISTER

REGISTER

ABSPIELEN DER VOGELSTIMMEN

AFRIKA

DREIFARBEN-GLANZSTAR
— *Lamprotornis superbus* —

Ein Ausschnitt aus dem Gesang eines Dreifarben-Glanzstars.

Der Dreifarben-Glanzstar mit seiner tiefblauen Brust gehört zu den schönsten Staren Afrikas. Er ist in Osten des Kontinents von Äthiopien im Norden bis Tansania im Süden heimisch und lebt als geselliger Vogel oft in kleinen Schwärmen. Er bevorzugt offenes, trockenes und halbtrockenes Gelände wie lichte Wälder, Savannen und Grasland. In der Nachmittagshitze verstecken sich diese Vögel gern im Laub der Bäume, sonst suchen sie auf dem Boden nach Nahrung, die vor allem aus Insekten, aber auch Früchten, Beeren, Blüten und Samen besteht.

Der Gesang der Dreifarben-Glanzstare ist lang und weitschweifig. Er besteht aus vielen Einzeltönen, zu denen meist *weeoo-chu* und ein schnell abfallendes *cheeooo* gehören. Wenn sie aufgeregt sind, geben sie oft ein in die Länge gezogenes *whit-chor-chi-vii* von sich. Ihr Warnruf ist *chirrrr.*

- 224 -

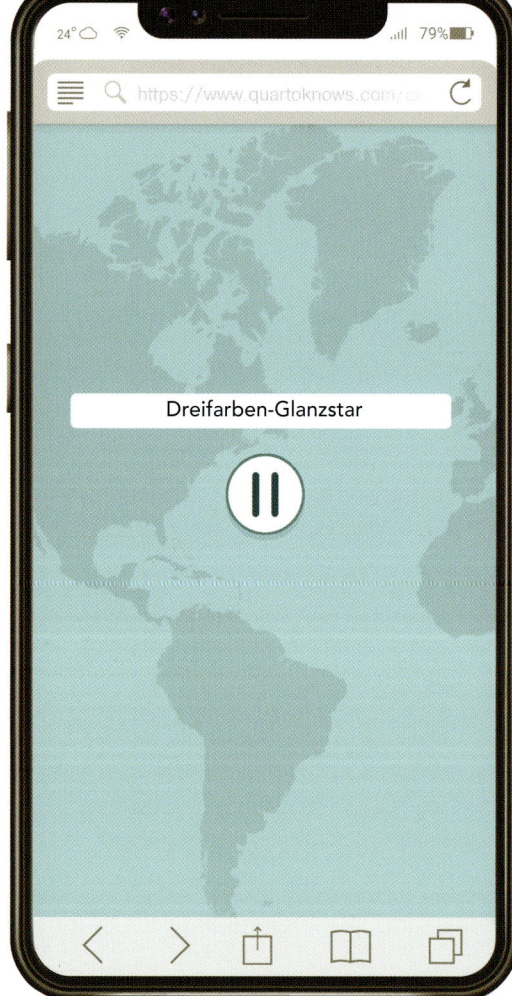

Um die Vogelstimmen in diesem Buch abzuspielen, benötigen Sie einen Internetzugang. Den QR-Code können Sie mit beinahe jedem Smartphone scannen, indem Sie es mit geöffneter Kamera- oder QR-Code-Scanner-App für einige Sekunden davorhalten.

Der QR-Code des betreffenden Vogels befindet sich unter seinem deutschen und lateinischen Namen. Jeder Vogel hat seinen eigenen QR-Code. Sobald Sie diesen einscannen, öffnet der Browser Ihres Smartphones eine Website mit dem Namen des Vogels und einem Audio-Player.

Drücken Sie die Abspieltaste, um den Gesang oder den Ruf des jeweiligen Vogels zu hören. Das Abspielen der Vogelstimme kann durch nochmaliges Drücken dieser Taste pausiert werden. Wenn Sie sich die Stimme noch einmal anhören möchten, drücken Sie die Abspieltaste erneut.

HINWEIS: Falls Sie Probleme mit dem Abspielen des Tons über die Website haben sollten, überprüfen Sie bitte, ob Sie die neueste Version des Webbrowsers verwenden.

DANK

Les Beletsky möchte sich bei Meghan Cleary, Kate Perry, Henry Quiroga, Leah Finger und Peter Schumacher von *becker&mayer!*, bei Gerrit Vyn und Tammy Bishop von der *Macaulay Library of Natural Sounds* am *Cornell Lab of Ornithology*, bei David Nurney und Mike Langman für die wunderschönen Illustrationen, bei David Pearson für seine fachkundige Beratung in Sachen Vögel und bei Cynthia Wang für die Durchsicht des Manuskripts bedanken.

becker&mayer! möchte sich bei den Mitarbeitern des *Cornell Lab of Ornithology* für ihre wertvolle Unterstützung bedanken. Besonderer Dank geht an Les Beletsky, Mary Guthrie und Gerrit Vyn sowie an Daniel Otis, Dana Chiccelley und Russell Galen.